3533

CATALOGUE

DES PLANTES

DU

PARC COLONIAL

ET DU

JARDIN BOTANIQUE ET D'ACCLIMATATION

DU GOUVERNEMENT A PONDICHÉRY

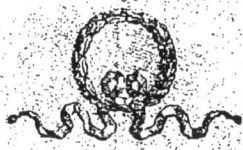

PONDICHÉRY

IMPRIMERIE DU GOUVERNEMENT.

1872

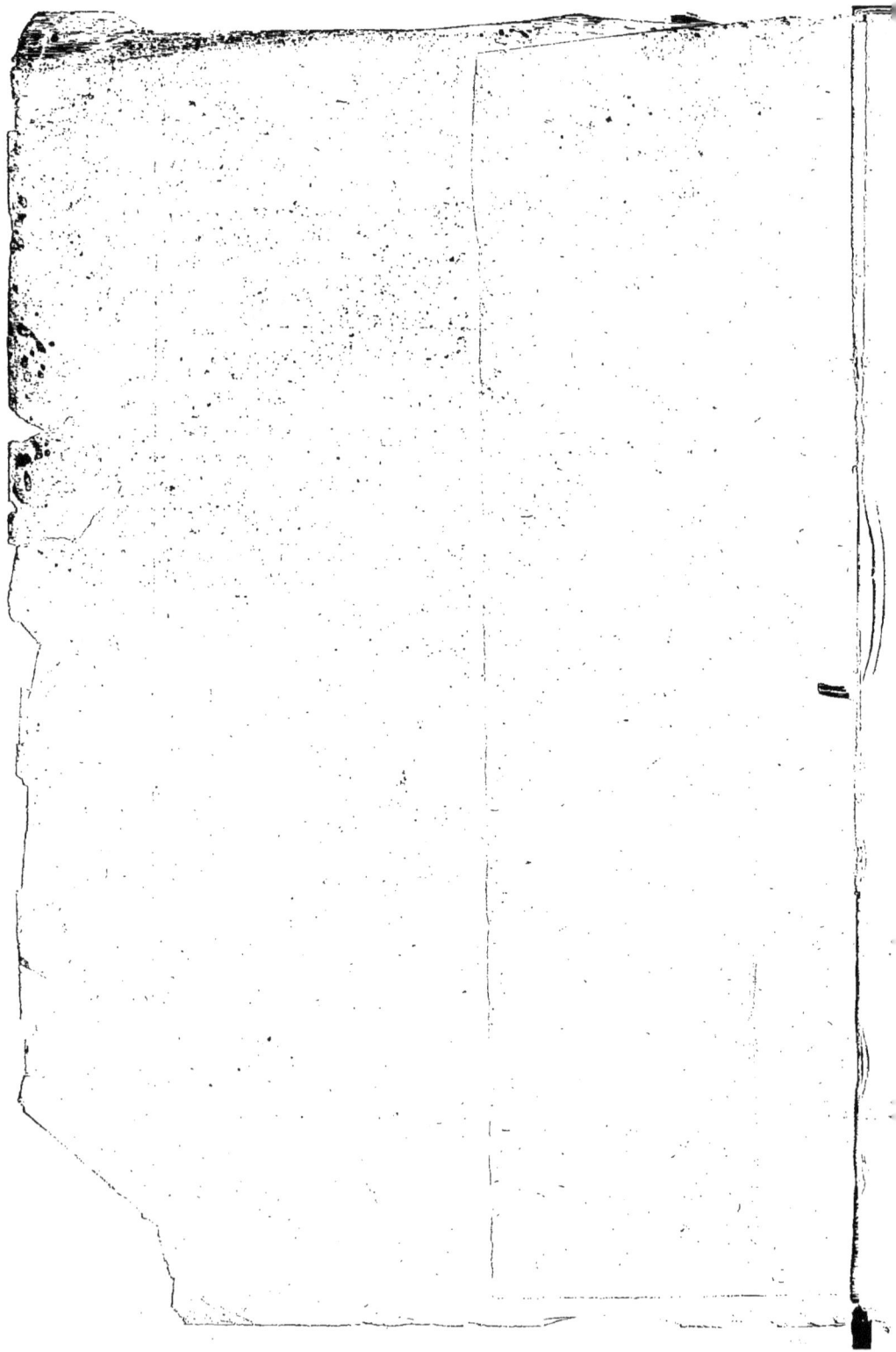

ARRÊTÉ accordant des primes d'encouragement aux introducteurs de végétaux destinés au parc colonial et au jardin d'acclimatation.

Pondichéry, le 6 novembre 1871.

Nous, Commissaire de la marine, Gouverneur p. i. des Etablissements français dans l'Inde ;

Vu l'opportunité d'augmenter le nombre des familles de végétaux alimentaires et autres désignés aux *desiderata* du catalogue de plantes publié par les soins de l'Administration, au moyen des précieuses ressources qu'offrent les diverses régions tropicales ;

Sur le rapport de M. le Botaniste agriculteur et la proposition de M. l'Ordonnateur, Directeur de l'intérieur ;

Le Conseil d'administration entendu ,

Avons arrêté et arrêtons :

Art. 1er. Seront décernées, à partir du 1re janvier 1875, à titre de primes d'encouragement, aux introducteurs, tant français qu'étrangers, des végétaux destinés à enrichir les collections du parc colonial et du jardin d'acclimatation ; savoir :

1o Une médaille d'or de la valeur de 500 fr. pour 350 espèces, dont 200 vivantes et les autres en graines ;

2o Une médaille d'or de 400 fr. pour 250 espèces, dont 150 vivantes et les autres en graines ;

3o Une médaille d'or de 300 fr. pour 150 espèces, dont 100 vivantes et les autres en graines ;

Art. 2. Les introducteurs auront droit, en outre, à deux individus de chacune des espèces par eux introduites, sur les dix premières multiplications.

Art. 3. Les bulbes, tubercules et rhizomes seront admis comme plantes vivantes.

Art. 4. Un registre spécial sera affecté à la mention des introductions et il en sera inséré mensuellement un relevé au *Moniteur officiel* de Pondichéry.

Art. 5. Les envois devront être adressés à M. le Gouverneur des Etablissements français dans l'Inde.

Art. 6. L'Ordonnateur Directeur de l'intérieur, est chargé de l'exécution du présent arrêté, qui devra être enregistré partout où besoin sera et dont l'insertion sera faite au *Moniteur* et au *Bulletin officiels* de la colonie.

Donné en l'hôtel du Gouvernement, à Pondichéry, le 6 novembre 1871.

Signé MICHAUX.

Par le Gouverneur :

L'Ordonnateur Directeur de l'Intérieur p. i.,

Signé MORAU.

CATALOGUE
DES PLANTES

DU

PARC COLONIAL

ET DU

JARDIN BOTANIQUE ET D'ACCLIMATATION

DU GOUVERNEMENT A PONDICHÉRY

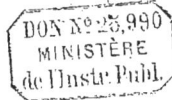

BIBLIOTHÈQUE NATIONALE R.F. IMPRIMÉS

DON Nº 25,990 MINISTÈRE de l'Instr. Publ.

PONDICHÉRY

IMPRIMERIE DU GOUVERNEMENT.

1872

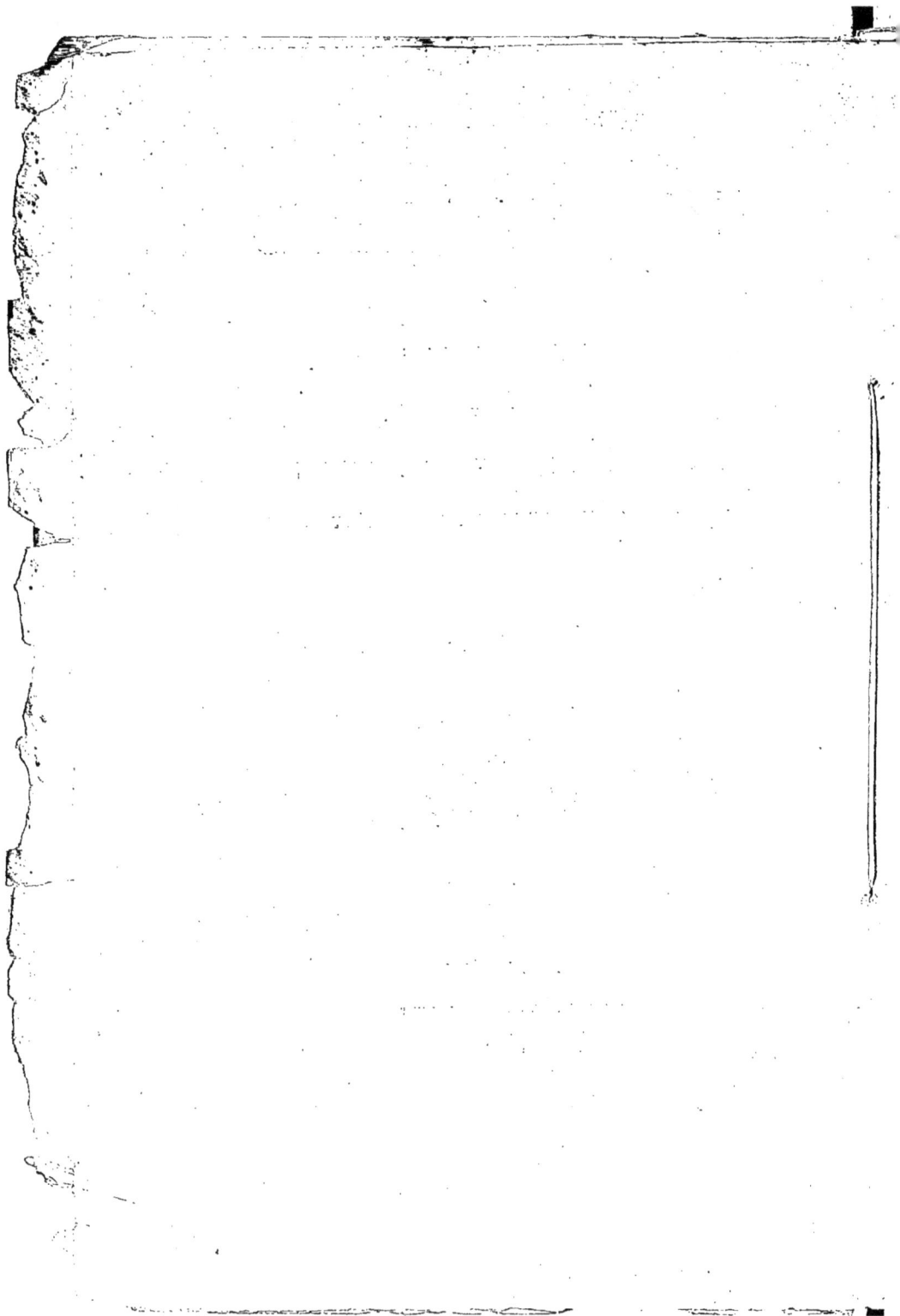

OBSERVATIONS.

Les plantes classées dans le présent Catalogue, sont offertes en échange de celles indiquées aux *desiderata*, et de toutes autres utiles, ayant par leurs stations géographiques et de hauteur supra-marine quelques chances de prospérer sur le territoire français de l'Inde ou celui environnant.

Les noms tamouls, mis à la suite d'un certain nombre d'espèces, ont pour but d'en faciliter la connaissance et la recherche aux personnes qui s'occupent de végétaux. Nous complétons cet essai de synonymie par les explications suivantes, qui toutes restreintes qu'elles sont, pourront être d'un bon secours dans les rapports journaliers d'Européens à Indiens.

EXPLICATION DE QUELQUES TERMES TAMOULS.

Cheddy.............	Arbustes ou arbrisseaux.
Cody..............	Liane, plante grimpante, volubile ou sarmenteuse.
Marom.............	Arbre.
Pilou.............	Herbe, particulièrement les graminées.
Poundou..........	Plantes herbacées, surtout les dicotylédones.

Si on supprime un de ces termes dans la synonymie que nous indiquons et qu'on y ajoute un des suivants, quand il ne s'y trouve déjà, on aura le nom connu vulgairement, sauf quelques exceptions que l'usage apprendra, de la partie correspondante de l'espèce.

Aïroumbou.........	Bourgeon, bouton, œil.
Cotté.............	Amande, noix ou grosse semence.
Kaji.............	Bâton, branche petite.
Kay..............	Fruit vert.
Kejangou.........	Rhizome, bulbe ou tubercule.
Kelè	Branche grosse.
Kiraï............	Brède, épinards.
Kojoundou........	Bourgeon, jet ou pousse tendre.
Mavou............	Farine, fécule.
Narr	Fibres.
Pajom............	Fruit mûr.

Pâle ou pâlé........ Suc laiteux.
Pattè............... Ecorce.
Piciny............. Gomme, gomme-résine ou analogue.
Pou ou Pouchepon.. Fleurs.
Tajai.............. Feuilles dans la forme de celles du poireau, du
                 vaquois, etc.
Ver................ Racine.
Véré............... Graine, semence menue.
Yellé.............. Feuille.
Yenné............. Huile.

EXEMPLES :

Arouvon-pilou   fera Arouvan-ver,   pour le chiendent indien.
Carvah-maron   —   Carvah-patté ,   —   la canelle.
Veppâlè-maron   —   Veppâlè-yellé ,   —   la feuille de l'indigotier en arbre
Malihi-cheddi   —   Malihi-pou ,   —   la fleur du jasmin.
Pikin-cody   —   Pikin-kay,   —   le fruit vert du Luffa acutangula.
Magilam-cheddi   —   Majilam-pajom,   —   la grenade.
Velan-marom   —   Velan-piciny,   —   la gomme du Feronia.

NOTA. Cette règle trouvera de nombreuses applications dans la deuxième partie du Catalogue, alors que nous traiterons de l'emploi de nos végétaux.

Les demandes d'échanges devront être adressées, de la localité, au Botaniste-agriculteur; des pays éloignés, à M. le Gouverneur des Etablissements français de l'Inde.

PREMIÈRE PARTIE

CLASSIFICATION

SUIVANT ENDLICHER.

REGIO I. THALLOHYTA.

SECTIO I. PROTOPHYTA.

CLASSIS I. ALGÆ.

ORDO I. *Diatomaceæ*.

ORDO II. *Nostochinæ*.

ORDO III. *Confervaceæ*.

ORDO IV. *Characeæ*.

Chara species, Herbe à écurer.
— species

Ordo v. *Ulvaceæ*.

Ordo vi. *Floridæ*.

Ordo vii. *Fucaceæ*

CLASSIS II. LICHENES.

Ordo viii. *Coniothalami*.

Ordo ix. *Idiothalami*.

Ordo x. *Gasterothalami*.

Ordo xi. *Hymenothalami*.
Roccella tinctoria D. C. *Ma-marom-passé, kattandjiviyoudou.*
— Montagnœi Bel. — —

SECTIO II. HYSTEROPHYTA.

—

CLASSIS III. FUNGI.

Ordo xii. *Gymnomycetes.*

Ordo xiii. *Hyphomycetes.*

Ordo xiv. *Gasteromycetes*.

Ordo xv. *Pyrenomycetes*.

Ordo xvi. *Hymenomycetes*.

REGIO II. CORMOPHYTA.

SECTIO III. ACROBRYA.

COHORS I. ACROBRYA ANOPHYTA.

CLASSIS IV. HEPATICÆ.
Ordo xvii. *Ricciaceæ*.

Ordo xviii. *Anthoceroteæ*.

Ordo xix. *Targionaceæ*.

Ordo xx. *Marchantiaceæ*.

Ordo xxi. *Jungermanniaceæ*.

CLASSIS V. MUSCI.

ORDO XXII. *Andreaceæ*.

ORDO XXIII. *Sphagnaceæ*.

ORDO XXIV. *Bryaceæ*.

—

COHORS II. ACROBRYA PROTOPHYTA.

—

CLASSIS VI. CALAMARIÆ.

ORDO XXV. *Equisetaceæ*.

—

CLASSIS VII. FILICES.

ORDO XXVI. *Polypodiaceæ*.

ORDO XXVII. *Hymenaphylleæ*.

ORDO XXVIII. *Gleicheniaceæ*.

ORDO XXIX. *Schizæceæ*.

ORDO XXX. *Osmundaceæ*.

ORDO XXXI. *Marattiaceæ.*

ORDO XXXII. *Ophyoglosseæ.*

Aucune plante de cette ancienne famille des Fougères, divisée ici en sept ordres, n'existe sur le territoire de Pondichéry du moins à l'état spontané. Leur absence et celle des Orchidées non cultivées en caractérisent le climat éminemment aride.

—

CLASSIS VIII. HYDROPTERIDEÆ.

ORDO XXXIII. *Salviniaceæ.*

ORDO XXXIV. *Marsileaceæ.*

Marsilea coramandeliana, Willd. *Arré-kiraï.*

—

CLASSIS IX. SELAGINE.

ORDO. XXXV. *Isoeteæ.*

ORDO XXXVI. *Lycopodiaceæ.*

Même observation que pour les plantes de la classe des fougères.

ORDO XXXVII. *Lepidodendreæ.*

—

CLASSIS X. ZAMIÆ.

ORDO XXXVIII. *Cycadeaceæ.*

Cycas circinalis, Linn. *Show-arici.*
— revoluta, Linn. \ —

DESIDERATA : Encephalastos caffer, Lehm; Zamia Fraseri, Miq.; Macro-zamia Preissii, Lehm.; Dioon edule, Linn.

COHORS III. ACROBRYA HYSTEROPHYTA.

CLASSIS XI. RHIZANTHEÆ.

ORDO XXXIX. *Balanophoreæ*.

ORDO XL. *Cytineæ*.

ORDO XLI. *Rafflesiaceæ*.

SECTIO IV. AMPHIBRYA.

CLASSIS XII. GLUMACEÆ.

ORDO XLII. *Gramineæ*.

X Oriza sativa, Linn. *Nélou*.
— — var. *Sivane-sambâ-nélou*.
— — var. *Pâlene-sambâ-nélou*.
— — var. *Péroum-sambâ-nélou*.
— — var. *Karr-nélou*
X Zea Mays, Linn. *Vellémouttousolom, Makka-cholum*.
Coix Lacryma, Linn. *Nélou-many*.
Paspalum nematodes, Schult. *Kankajuria*.
— orbiculare, Forst. *Varagou, varougou*.
— scrobiculatum, Linn. —   —
Milium tomentosum, Rottl.
Hélopus annulatus, Nees.
Panicum Burmanni, Retz.
— ciliare, Retz.
— conglomeratum, Linn.

Panicum conjugatum , Roxb.

— fluitans , Retz.

— italicum , Linn. *Téné.*

— jumentorum. Pers Herbe de Guinée.

— meneritana , Spr.

— miliaceum , Linn. *Kadécanny.*

— miliare , Lam.

— montanum , Roxb.

— patens , Linn.

— prostratum , Linn.

Stenotaphrum ? complanatum , Schrank.

Oplismenus Crus-galli , Kunith.

— frumentaceus , Kunth. *Nélou-pilou.*

Penicillaria spicata Willd. *Cambou.*

Lappago biflora , Roxb.

— racemosa. Willd.

Spinifex squarrosus , Linn. *Ravenan-pilou.*

Stipa littorea , Burm.

Aristida depressa , Retz.

— hystrix , Linn. fils.

— setacea , Retz. *Todépon-pilou.*

Vilfa coromandelina , Beauv.

Phragmites Roxburghii , Steud. *Korké.*

Cynodon dactylon., Pers. *Arouvan-pilou , Arugam-pilou.*

Chloris polystachya , Roxb.

— radiata , Sw.

— tenella , Roxb.

Eleusine Coracana, Pers. *Kévrou.*

— indica , Gœrtn.

Poa chinensis Linn.

Eragrostis elegantula , Nees.

— Kœnigii , Nees.

— tenella, Beauv.

— viscosa , Trin.

Centotheca lappacea, Desv.
Melica digitata, Roxb.
— refracta, Roxb.
Cynosurus retroflexus, Linn. *Natchiny-attiqué.*
Bambusa agrestis, Poir. *Mounguil-monjigneguil.*
χ — arundinacea, Willd. — —
χ — stricta, Roxb — —
Rottboellia muricata, Retz.
Perotis latifolia, Ait.
Saccharum officinarum. *Karumbou*
— var. —
— Sara, Roxb. *Pé-karumbou.*
Imperata arundinacea, Cyril. *Nanel-pilou.*
Apluda aristata, Linn.
— mutica, Linn.
Andropogon citratus, DC. *Citronelle, Camatchie-pilou,*
Wassina-pilou, Cavatum-
pilou.
— muricatus, Retz. *Vettiver.*
— Schœnanthus, Linn. *Camachie-pilou.*
— Martini, Roxb.
Sorghum cernuum, Willd. *Solom.*
— var. album. *Vellé-solom.*
— vulgare, Pers. *Mapousolom.*
— var. bicolor —
Ischaemum aristatum, Linn.
— muticum, Linn.

Nota : La plupart des Graminées dont les noms tamouls ne sont pas indiqués, sont connues sous le nom collectif de *pilou*, c'est-à-dire herbe.

Desiderata : Hydropyrum esculentum, Link.; Lygaeum, spartum; Loef., Zea Mays, Linn. var. Gigantea, Phalaris canariensis, Linn. var.; Macrochloa tenacissima Kunth.; Poa Abyssinica Jacq.; Bambusa mitis, Poir; B. nigra, Lodd.; B. distorta Nees.; B. Thouarsii Kunth.

ORDO. XLIII. *Cyperaceæ.*

Scleria lithosperma, Willd.
Rhynchospora articulata, Schult.
Fimbristylis argentea, Vahl.
— miliacea, Vahl.
Isolepis.
—

Scirpus dubius, Roxb.
— maritimus, Linn.
Eleocharis fistulosa, Schult.
— tuberosa, Schult.
Cyperus arenarius, Retz.
— articulatus, Linn. *Koré.*
— compressus, Linn.
— geminatus, Ainsl. *Sinni-kejangou.*
— longus? Linn. *Pal - kotté - kejangou, pal-*
kejangou.
— pumilus, Linn.
— rotundus, Linn. *Koré.*
— squarrosus, Linn.
— tuberosus, Rottl. *Chilendie.*
— umbellatus, Burm.
— verticillatus, Roxb.
Mariscus umbellatus, Vahl.
Killingia monocephala, Linn. *Kalpacatti-koré, pou-koré.*
— triceps, Linn. fils.

NOTA. Les noms tamouls pour beaucoup des Cypéracées, sont formés du radical *koré*, espèce de nom générique, auquel est ajouté un adjectif ou un substantif ayant rapport avec l'apparence ou l'usage de l'espèce, mais variant souvent avec chaque localité ; quelques-unes sont également dénommées *pilou.*

DESIDERATUM : Cyperus esculentus, Linn.
—

CLASSIS XIII. ENANTIOBLASTÆ.
—

ORDO XLIV. *Centrolepideæ.*

ORDO XLV. *Restiaceæ*.

ORDO XLVI. *Eriocauloneæ*.

Eriocaulon sexangulare, Linn.

ORDO XLVII. *Xyrideæ*.

ORDO XLVIII. *Commelynaceæ*.

Commelyna bengalensis, Linn. *Canancogé*.
— diffura, Burm.
— nana, Roxb.
— salicifolia, Roxb.
— vaginata, Linn. *Coudiré-colambou*.
Tradescantia discolor, Her.
Cyanotis axillaris, Don.
— papilionacea, Schult.
— tuberosa, Schult.

CLASSIS XIV. HELOBIÆ.

ORDO XLIX. *Alismaceæ*.

Sagittaria obtusifolia, Willd. *Couliry, péroum-couliry*.

ORDO L. *Butomaceæ*.

CLASSIS XV. CORONARIÆ.

ORDO LI. *Juncaceæ*.

Juncus Leschenaultii, Gay.
Flagellaria indica, Linn.

Ordo lii. *Philidreæ.*

Ordo liii. *Melanthaceæ.*

Ordo liv. *Pontederaceæ.*

Pontederia vaginalis, Linn.

Ordo lv. *Liliaceæ.*

Methonica superba, Herm. *Navi-codi.*
Polyanthes tuberosa, Linn. *Tubéreuse, Andimondaré.*
Sanseviera zeylanica, Linn. *Mareul, Mouroulou-cheddi.*
+Aloe Soccotrina, Linn. *Kattajai.*
Yucca aloïfolia, Linn. *Dame-blanche.*
— gloriosa, Linn.
Allium, ampeloprasum, Linn.
— Ascalonicum, Linn.
— Cepa, Linn. *Vengayon.*
+— oleraceum, Linn.
— sativum, Linn. *Vellé-poundou.*
Asparagus sarmentosus, Linn. *Tannir-vittane-cheddi.*
Dracæna cernua, Jacq.
— ferrea, Linn.

Desiderata: Pharmium tenax, Forst.; Dracæna Draco, Linn.

Ordo lvi. *Smilaceæ.*

Desiderata: Smilax China, Willd.; S. syphilitica, Willd.; S. Salsaparilla Linn.; S. Anceps, Willd.

CLASSIS XVI. ARTORHIZÆ.

ORDO LVII. *Dioscoreæ.*

Dioscorea aculeata, Linn. *Sirou-valli-kejangou, káttou-valli-kejangou.*
— alata, Linn. *Péroum-valli-kejangou*
— — var. atropurpurea. *Vettilé-valli-kejangou, péroum-valli-kejangou.*
— — var. purpurea. *Poutankari-valli-kejangou.*
— demona, Roxb. *Pè-valli-kejangou.*
— fasciculata, Roxb. *Sirou-valli-kejangou.*
— globosa, Roxb. *Kay-valli-kejangou.*
— pentaphylla, Linn. *Káttou-valli-kejangou.*
— tomentosa, Spr?
— triphylla, Linn. *Ratté-péroum-valli-kejangou.*

DESIDERATA : Dioscorea hastifolia, F. Muell.; D. Batatas, Dnc.; D. sativa Linn.; D. sativa ovalifolia; D. japonica, Thunb.; D. Piddingtonii; D. bulbifera, Linn.; D. punctata R. Br.; D. Igname, couscousse de la Martinique; D. Inhame gigante de Valença, province de Rio Janeiro.

ORDO LVIII. *Taccaceæ.*

DESIDERATUM : Tacca pinnatifida, Forst.

CLASSIS XVII. ENSATÆ.

ORDO LIX. *Hydrocharideæ.*

Vallisneria spiralis? Linn.
Damasonium indicum, Willd. *Nir-couliry*

ORDO LX. *Burmanniaceæ.*

Ordo lxi. *Irideæ*.

Desiderata : Iris lusitanica, Ker.; Morœa edulis, Ker.

Ordol lxii. *Hæmodoraceæ*.

Ordo lxiii. *Hypoxideæ*.

Curculigo orchioïdes, Roxb. *Nelupannay*.
Hypoxis curculigoïdes ? Wall.

Ordo xviii. *Amaryllideæ*.

Amaryllis purpurea ? Ait.
Crinum zeylanicum, Linn.
  — asiaticum, Linn. *Péroum-narri-vengayom*.
  — toxicarium, Herb. *Narri-vengayom*.
Pancratium biflorum, Roxb.
  — zeylanicum, Linn.
Agave americana, Linn. *On-tajai, Káttou-tajay, Anaikut-
      talay*.
Fourcroya gigantea, Vent. *Péroum-tajay*.

Desideratum : Agave mexicana, Linn.

Ordo lxv. *Bromeliaceæ*.

Ananassa sativa, Linn. *Anassi-cheddi*.

CLASSIS XVIII. GYNANDRÆ.

Ordo lxvi. *Orchideæ*.

Vanilla aromatica, Swartz.

Nota. Il n'existe pas d'Orchidée spontanée sur le territoire de Pondichéry.

Desiderata : Angrœcum fragrans, Pet. Th.; Vanilla claviculata, Sw.

Ordo lxvii. *Apostasiæ*.

CLASSIS XIX. SCITAMINEÆ.

Ordo lxviii. *Zingiberaceæ*.

Zingiber officinale, Rosc. *Ingi cheddi*.
Curcuma longa, Roxb. *Manja-cheddi, safran*.
Amomum Cardamomum, Linn. *Yalla-cheddi*.
Alpinia calcarata, Roxb.

— Galanga, Willd. *Sittaratté-cheddi, Pere-aretei*.

Desiderata: Curcuma angustifolia, Roxb.; Amomum macrocarpum, Steud ; A. Meleguetta, Roxb.; A. citratum, Par.

Ordo lxix. *Cannaceæ*.

Maranta arundinacea, Linn.
Canna discolor, Lindl.
— glauca, Linn.
— orientalis, Rosc. *Kull-valei-munnie-cheddi*.
— — var. *flava* Rosc. —
— Warscewiczii, Diet.

Desiderata: Phrynium Allouya , Rosc.; Canna edulis, Ker.

Ordo lxx. *Musaceæ*.

Heliconia angustifolia? Arrab ?
— pulverulenta, Lindl.
Musa chinensis, Sweet. *Vaja-maram, Valie*.
— — var.
— paradisiaca, Linn. *Vaja-maram, Palie*.
— — var.
— — var.
— — var.

Musa sapientum, Linn. *Vaja-maram, Valie.*
— — var.
— — var.
— — var.
— — rosacca, Jacq. *Vaja-marom, Valie.*
— — var.

DESIDERATA : Musa Ensete, Bruce ; M. maculata, Jacq.; textilis, Nees.

CLASSIS XX. FLUVIALES.

ORDO LXXI. *Najadeæ.*

Potamogeton indicum, Roxb.
Lemna.

CLASSIS XXI. SPADICIFLORÆ

ORDO. LXXII. *Aroïdeæ.*

Pistia stratiotoïdes, Willd. *Agassa-tamaré-pondou.*
Arum.
Typhonium minutum, Schott. *Karné-kotti-kejougou.*
— trilobatum, Schott. —
Amorphaphollus campanulatus, Blum. *Cárákarané, Ka--roona.*
— sativus, Blum. *Karané.*
Colocasia Boryi. *Nelé-sembou.*
Caladium bicolor, Vent. *Songe-rouge.*
— nymphæfolium, Vent. *Nir-sembou.*
— sagittæfolium, Vent.
— Seguinum? Vent. *Seguine.*

DESIDERATA : Colocasia antiquorum, Schott.; C. esculenta, Schott.; C. macrorhiza, Schott.; Caladium edule, Meyer ; C. sagittæfolium, Vent., var.; Monstera Lennea, Ch. Kock.; Acorus Calamus, Linn.

Ordo LXXIII. *Typhaceæ.*

Typha angustifolia, Linn. *Sambou, Tjambou.*

Ordo LXXIV. *Pandaneæ.*

Pandanus fascicularis, Lam.

— odoratissimus, Linn. fils. *Tajay-maram Talé-marom.*

¹ Desiderata : Pandanus edulis, Pet. Th.; Phytelephas macrocarpa , Ruiz, et Pav.; Nipa fruticans, Thunb.

—

CLASSIS XXI. PRINCIPES.

Ordo LXXII. *Palmæ.*

Areca Cathecu, Linn. *Pacou-marom , Paak-marom Ca-mooghoo.*

— rubra, Bory.

Arenga saccharifera, Lab.

Caryota urens, Linn. *Koundel-pané marom , Coonda panna.*

Calamus fasciculatus , Roxb. *Pérambou-cheddi Pérépin cheddi.*

Borassus flabelliformis, Linn. *Pané-marom.*

Latania borbonica, Lam.

Corypha umbraculifera, Linn. *Çoda-pané-marom.*

Chamærops Palmetto, Mich.

Phœnix acaulis, Roxb. *Sitti-itchien-cheddi.*

— Dactylifera, Linn. *Per-itcha-marom.*

— pusilla, Gært. *Éethie, Malé-sitti-itchien-cheddi.*

— sylvestris, Roxb. *Itcha-marom, eetchum-pannay.*

Elæis guineensis, Linn.

Cocos nucifera, Linn. *Tenna-marom.*

— — var. *Nacaveri-tenna-marom.*

— — var. *Sévousélnir-tenna-marom.*

Cocos nucifera, var. *Telly-tenna-marom*

— — var. *Souriacandi-tenna-marom*.

— — var. bramanis, *Paparé-tenna-marom*.

DESIDERATA : Euterpe edulis, Mart.; E. oleracea, Mart.; OEnocarpus Bacaba, Mart.; O. Batawa, Mart.; O. distichus, Mart.; Oreodoxa regia, H. B. K.; O. oleracea, Mart.; Zalacca Blumea, Mart.; Sagus vinifera, Pers.; S. pedonculata, Poir.; Metroxylon læve, Mart.; M. Rumphii, Mart.; Mauritia flexuosa, Linn.; M. vinifera, Mart.; Lodoïcea Sechellarum, Labill.; Hyphæne Cucifera, Pers.; Guilielma speciosa, Mart.; Acrocomia sclerocarpa, Mart., Astrocaryum Murumuru, Mart.; A. vulgare, Mart.; Attalea funifera, Mart.; Cocos oleracea, Mart.; Jubæa spectabilis, H. B. K.

SECTIO V. ACRAMPHIBRYA.

COHORS I. GYMNOSPERMÆ.

CLASSIS XXII. CONIFERÆ.

ORDO LXXVI. *Cupressineæ*.

ORDO LXXVII. *Abrietineæ*.

ORDO LXXVIII. *Taxineæ*.

ORDO LXXIX. *Gnetaceæ*.

Aucun de ces cinq ordres composant l'ancienne famille des Conifères n'a de représentant sur le territoire de Pondichéry. L'année dernière un Podocarpe australien, dû à la bienveillance de M. le Directeur du jardin botanique de Ceylan, n'a pas résisté à trois jours des *vents dusud*, quoiqu'il fut en très-bon état de végétation.

COHORS II. APETALÆ.

—

CLASSIS XXIII. PIPERITÆ.

—

ORDO LXXX. *Chloranthaceæ.*

ORDO LXXXI. *Piperaceæ.*

Piper Betle, Linn. *Vettilé-codi.*
— χ longum, Willd. *Tippili-codi.*
— Roxburghianum , Schult. *Káttou-tippili - pondou,*
Tipilie.
— sylvaticum, Roxb.

DESIDERATA : Piper nigrum, Linn., P. trioicum, Roxb.; P. methysticum, Forst.; P. Cubeba Linn. fils; P. procumbens; P. macrophyllum, Sw.; P. elongatum, Vahl.; P. peltatum; Linn., Ottonia anisum, Spr.

ORDO LXXXII. *Saurureæ.*

Aponogeton monastachyon, Linn. fils, *Kotté-kejangou.*

DESIDERATUM : Apogeton distachyon, Thunb.

—

CLASSIS XXIV. AQUATICÆ.

ORDO LXXXIII. *Ceratophylleæ.*

Ceratophyllum Missionis, Wahl.

ORDO LXXXIV. *Callitrichineæ.*

ORDO LXXXV. *Podostemmeæ.*

—

CLASSIS XXV. JULIFLORÆ.

Ordo lxxxvi. *Casuarineæ.*

Casuarina muricata, Roxb. *Vandji-marom, Siva-marom, Chowk-marum.*

Ordo lxxxvii. *Myriceæ.*

Ordo lxxxviii. *Betulaceæ.*

Odo lxxxix. *Cupiliferæ.*

Ordo xc. *Ulmaceæ.*

Ulmus integrifolia, Roxb. *Toubaki-marom, Kollé-palé-marom, Ayah-marom.*
— latifolia, Roxb. — —

Ordo xci. *Celtideæ.*

Celtis orientalis, Willd. *Coutty-pela-marom.*

Desideritum : Celtis madagascariensis, Rich.

Ordo xcii. *Moreæ.*

Morus alba, Linn. *Pattou-marom, Camélipoutchy-marom, Camble-marom.*
— lœvigata, Wall. — —
— multicaulis, Perr. — —
Ficus angustifolia, Roxb. *Citta-marom.*
— bengalensis, Linn. *Alty-marom, Ala-marom.*

Ficus Carica, Linn. *Simé atty-marom.*
— comosa, Roxb. *Eraly-marom. Erlé-marom.*
— dæmonum, Vahl. *Pè-atty-marom.*
✗— elastica, Roxb. *Caoutchouc.*
— racemosa, Linn. *Atty-marom,* |*Attie-marum.*
✗— religiosa, Linn. *Arassa-marom, Arasum-marum.*
— tomentosa, Roxb.
— tuberculata, Wall.

DESIDERATA : Maclura tinctoria, D. Don.; Ficus tinctoria, Forst.; F. ellip-
tica, H. B. K.; F. prinoïdes, H. B. K.; F. cerifera, Blum.; F. rubiginosa
Desf., F. Badula, Willd.; F. Sycomorus, Linn.; Dorstenia Contrayerva
Linn.; D. Drakena, Linn.

ORDO XCIII. *Artocarpeæ.*

Artocarpus incisa, Linn.
— integrifolia. Linn. *Pela-marom.*

DESIDERATA : Brosimum Aubletii, Poep.; B. alicastrum, Swartz.; B. ga-
lactodendron, D. Don.; Cecropia peltata, Linn.

ORDO. XCIV *Urticaceæ.*

Urtica hederacea, Savig.
Bochmeria alienata, Willd.
— interrupta, Willd. *Vedou-pigiki-pondou.*

DESIDERATUM : Urtica utilis, Bl.

ORDO XCV. *Cannabineæ.*

†Cannabis sativa, Linn. var. indica, *Canja-cheddi.*

ORDO XCVI. *Antidesmeæ.*

Antidesma paniculata, Roxb.

DESIDERATA : Antidesma, alexitaria, Linn.; A. zeylanica, Burm. A. madagascariensis, Lam.

ORDO XCVII. *Plataneæ.*

Ordo xcviii. *Balsamifluæ*.

Desideratum : Liquidambar Altingiana, Blum.

Ordo xcix. *Salicineæ*.

Salix babylonica, Linn.

Ordo c. *Lacistemeæ*.

—

CLASSIS XXVII. OLERACEÆ.

—

Ordo ci. *Chenopodeæ*.

Beta Cicla, Linn. var. *Beta-kejangou*.
Chenopodium purpurascens ? Wall.
— ambrosioïdes, Linn.

Desiderata : Chenopodium auricomum , F. Muell. ; Ch. anthelminticum ,
Linn.; Ch. Guinoa Willd.; Anredera scandens, Juss.

Ordo. cii. *Amarantaceæ*.

Alternanthera sessilis, R. Br. *Pounankany-pondou.*
Gomphrena glabosa , Linn. *Vada-malihi-pondou.*
— var. rosea. *Ouda-vada-malihi-pondou.*
— var. alba. *Vellé-vada-malihi-pondou.*
Achyranthes aspera, Linn. *Nayourouvi.*
— var. rubra. *Segapou-nayourouvi.*
Aerva javanica, Juss.
— lanata, Juss. *Poula-pondou.*
— var. pumila. *Siroupoula-pondou.*
Desmochaeta.
Pupalia prostrata, Mart.
Amarantus candatus, Linn.
— atropurpureus, Roxb. *Segapou-kiraï.*
— campestris, Willd. *Sirrou-kiraï.*
— frumentaceus, Roxb. *Poong-kiraï.*

Amarantus melancholicus, Linn.
— oleraceus, Linn. *Koulay-tandou-kiraï*.
— paniculatus, Moq. *Sin-kiraï*.
— polystachyus, Linn. *Coupé-kiraï*.
— speciosus, Don. *Segapou-kiraï*.
— spinosus, Linn. *Moullou-kiraï*.
— tenuifolius, Willd. *Kattou-sirou-kiraï*.
— tricolor, Linn.
— tristis, Linn. *Aré-kiraï*.
Chamissoa nodiflora, Mart. *Camatty-kiraï*.
— albida, Mart. *Pouney-kiraï*.
Celosia cristata, Linn.

Ordo CIII. *Polygoneæ*.

Polygonum Dryandri, Spr.
— barbatum, Linn. *Atalari, Aata-alarie*.
— glabrum, Roxb. *Moudélé-pondou*.
Cocoloba uvifera, Linn. *Raisinier à grappes*.
Rumex vesicarius, Linn. *Poulitchi-kiraï, soukan-kiraï*.

DESIDERATA : Cocoloba excoriata, Linn.; C. pubescens, Linn.

Ordo CIV. *Nyctagineæ*.

Boerhavia diffusa, Linn. *Satlarané, Moukaratté*.
— repanda, Willd. *Satté-satlarané, Moukaretté*.
Mirabilis Jalapa, Linn. *Patrash-cheddi, Patrache-cheddi*.
Pisonia aculeata ? Linn. *Mourouvali-cheddi, poula-cheddi*.
— morindifolia, R. Br. *Arbre à laitue, Latchycotté-marom*.

—

CLASSIS XXVIII. THYMELÆ.

—

Ordo CV. *Monimiaceæ*.

DESIDERATA : Ambora Tambourissa, Linn.; Atherosperma moschata, Labill.

Ordo cvi. *Laurineæ*.

Cinnamomum............. *Carvah-marom*.
Phœbe glaucescens, Nees.
— lanceolata? Nees.
Persea gratissima, Gært. fils. *Avocatier*.
Cassyta filiformis, Linn. *Ermé-Kattan-codi, Cottan.*
      Pounnou-Kattan-codi.

DESIDERATUM : Cinnamomum aromaticum, Nees.; C. Culilawan, G. Don.;
C. dulce, Nees.; C. Loureirii, Nees.; C. rubrum, Blum.; C. Sintock, Blum.;
C. Tamala, Nees.; C. zeylanicum, Nees., Camphora officinalis, Nees.; Aga-
tophyllum aromaticum, Willd.; Nectandra concinna, Nees.; N. Pisi....
(Cèdre noir de la Guyane); N. Cymbarum, Nees.; N. Pichury major, Nees.; N.
Pichury minor, Nees.; Licaria guianensis, Aubl.; Tetranthera laurifolia
Jacq.; Cedrota longifolia, Willd.

Ordo cvii. *Gyrocarpeæ*.

Gyrocarpus Jacquini, Roxb. *Tamacou-marom*.

Ordo cviii. *Santalaceæ*.

Santalum album, Linn. *Chandanum-marom*.

DESIDERATUM : Santalum Freycinetianum, Gaud.

Ordo cix. *Daphnoïdeæ*

DESIDERATUM : Inocarpus edulis, Forst.

Ordo cx. *Aquilarineæ*.

DESIDERATA : Aquilaria Agallocha, Roxb.; A. ovata, Cav.

Ordo cxi. *Elæagneæ*.

Ordo cxii. *Penœaceæ*.

Ordo cxiii. *Proteaceæ*.

Desiderata : Brabejum stellulifolium, Linn.; Guevinia Avellana, Mol.

CLASSIS XXIX. SERPENTARIÆ.

Ordo cxiv. *Aristolochiæ*.

Aristolochia bracteata, Retz. *Adoutinapalé*.
— indica, Linn. *Péroum-maroundou*.

Desiderata : Aristolochia triloba, Linn.; Bragantia Wallichii, R. Br.

Ordo cxv. *Nepentheæ*.

COHORS III. GAMOPETALEÆ.

CLASSIS XXX. PLUMBAGINES.

Ordo cxvi. *Plantagineæ*.

Plantago Ispaghula, Roxb. *Ispaghul*.

Ordo cxvii. *Plumbagineæ*.

Plumbago capensis, Thunb.
— rosea, Linn. *Segapou-codively*.
— zeylanica, Linn. *Vellé-codively, sittiremoulame*.
Salvadorea persica, Linn. *Péroucha-marom, Ougué-marom*.

CLASSIS XXXI. AGREGATEÆ.

Ordo cxviii. *Valerianeæ*.

Desiderata : Nardostachys Jatamansi, D. C.; Fedia cornucopiæ. D C.

Ordo cxix. *Dipsaceæ*.

Ordo cxx. *Compositeæ*.

subordo 1. *Tubuliflorœ*.

Ethulia conyzoïdes, Linn.
Vernonia anthelmintica, Willd. *Káttou-siragum*.
— arborea, Hamilt.
— cinerea, Less. *Seera-shengalaneer, Naidsetue*.
— rigiophylla, D. C.
— Teres, Wall.
Elephantopus scaber, Linn. *Anachavady*
Lorentea sessiliflora, Less.
Ageratum.
Adenostemma rugosum, R. W.
Eupatorium Ayapana, Vent.
Sphæranthus amarantoïdes, Burm. *Siva-karandi*.
— hirtus, Willd. *Cottè-karandi, Mouttè-karandi*.
— mollis, Roxb.
Grangea maderaspatana, Lam. *Massipatiry*.
Conyza.
Epaltes divaricata, Cass. *Sirrou-cotté-karandi, Podoutallé*.
Borrichia.
Eclipta erecta, Linn. *Karsilakanny*.
— prostrata, Linn. *Kayantagaré*.
Xanthium indicum, Roxb. *Maroul-oumaté*.
Zinnia elegans, Jacq. *Varietates*.
Wedelia calendulacea, Less. *Pattalé kayantagaré*.
Helianthus annuus, var. β. Linn. *Souriacandi*.
Bidens Wallichii, D. C.
Spilanthes Acmella, Linn.

Tagetes erecta, Linn,

— patula, Linn. *Toulouquin-malihi.*

Achillea.

Pyrethrum indicum, Cass. *Samannedy.*

Chrysanthemum Roxburgii, Desf. *Samannedy.*

Artemisia grata, Wall. *Marroucojoudou-pondou, Mari-
cojoundou*

Myriogyne minuta, Less.

Gnaphalium indicum, Linn.

Gynura bulbosa, Hook.

Emilia sonchifolia, D. C.

Senecio ramosus, Wall.

SUBORDO II. *Labiatiflorœ.*

Carthamus tinctorius, Linn. *Sendoórkum.*

SUBORDO III. *Liguliflorœ.*

Cichorium Endivia, Linn. *Chicorée crépue.*

— Intybus, Linn. *Sée-kiraï, Sever-moulangui.*

— — var. latifolium, Hort.

Sonchus Wallichianus, D. C.

Lactuca capitata, D. C. *Laitue pommée.*

— sativa, — romaine.

DESIDERATA: Mikania Guaco, H. B. K.; M. apifera. Mart.; M. officinalis,
Mart.; M. Pœppigii, Spreng.; Baccharis genistelloïdes, Pers.; Polymnia
edulis, Wedd.; Acanthospermum acanthoïdes, Kunth.; Heliopsis platy-
glossa, Cass.; Helianthus tuberosus, Linn.; Flaveria Contrayerva, Pers.;
Madia sativa, Mol.; Emilia rigidula, D. C.; Senecio Ambavilla, Pers.

—

ORDO CXXI. *Calycereœ.*

CLASSIS XXXII. CAMPANULINÆ.

Ordo cxxii. *Brunoniaceæ.*

Ordo cxxiii. *Goodeniaceæ.*

Ordo cxxiv. *Lobeliaceæ.*

Lobelia zeylanica, Linn. *Gazon des Nilgherries.*

Desideratum : Siphocampylus Caoutchouc, G. Don.

Ordo cxxv. *Campanulaceæ.*

Sphenoclea zeylanica, Gært.

Ordo cxxvi. *Stylideæ.*

CLASSIS XXXIII. CAPRIFOLIACEÆ.

Ordo cxxvii. *Rubiaceæ.*

Borreria ocymoïdes, D. C. *Simè-karsilankanny.*
Spermacoce hispida, Linn. *Natechury.*
Coffea arabica, Linn. *Capi-cheddi.*
— bengalensis, Roxb. *Capi-cheddi.*
Pavetta angustifolia, Rœm et Schult.
— indica, Linn. *Coran-marom.*
— tomentosa, Roxb. *Pavettin.*
Ixora coccinea, Linn. *Vitchy-cheddi.*
— ? javanica, D. C.
— rosea, Wall. *Ouda-vitchy-cheddi.*
— stricta, Roxb. *Vitchy-cheddi.*

Canthium didymum, Gært fils.

— parviflorum, Lam. *Karé., Sengarari-marom, Balusou-kora.*

— parvifolium, Roxb.

Morinda augustifolia, Roxb. *Nouna-marom.*

— macrophylla, Desf. *Vellé-nouna-marom, Manja-Pavattay.*

— tomentosa Heyn? Roth. *Sounaye-nouna-marom.*

Vangueria edulis, Vahl.

— spinosa, Roxb.

Guettarda speciosa, Linn. *Panir-marom.*

Hedyotis Auricularia, Linn.

— Burmanniana, R. Br.

— dichotoma, W. et Arn.

— herbacea, Linn. fils. *Kaka pondou.*

— trinervia, R. S.

— umbellata, Lam. *Chaya-pondou , Emboorel-cheddi.*

Nauclea elliptica, Dalz. *Kadambé-marom.*

Randia dumetorum, Linn. *Marakaré, Madoukarré.*

— nutans, Roxb.

Gardenia latifolia ?

— lucida, Roxb. *Kambi-maron.*

Mussænda.

DESIDERATA : Richardsonia scabra, Linn.; Psychotria emetica Mut.; Chiococa anguifuga, Mart.; Malanea racemosa, Her., Alibertia edulis, Rich.; Ophiorhiza Mungos, Linn.; Chimarrhis cymosa, Jacq.; Exostemma floribunda, Ræm. et Schult.; E. caribœum, Ræm. et Schult.; E. peruviana, Kunth.,; E. Souzanum, Mart.; Cinchona Calisaya, Wedd.; C. micrantha, Ruiz. et Pas.; C. cordifolia , Mut.; Uncaria Gambir, Roxb.; Sarcocephalus esculentus Sab.; Catesbæa spinosa Linn., Genipa Merianæ, Rich.; G. americana Linn.; Mussænda arcuata, Lam.; M. Laudia, Lam.

ORDO CXXVIII. *Lonicereæ*

—

CLASSIS XXXIV. CONTORTÆ.

—

Ordo cxxix. *Jasmineæ*.

Jasminum angustifolium, Willd. *Káttou-malihi-cheddi*.
— auriculatum, Vahl. *Malihi-cheddi*.
— hirsutum, Willd. *Malihi-cheddi*.
— Perrottetianum, A. D. C.
— Sambac, Ait. *Kodi-malihi*.
— stenopetalum, Lindl.
Nyctanthes arbor-tristis, Linn. *Pagala-malihi-marom, Pa-vajeu-malihi-marom*.

Ordo cxxx. *Bolivarieæ*.

Ordo cxxxi. *Oleaceæ*.

Olea...... *Koly-marom*.

Ordo cxxxii. *Loganiaceæ*.

Strychnos nux-vomica, Linn. *Etty-marom*.
— potatorum, Linn. *Tettam-marom*.

Desiderata : Strychnos Pseudo-Quina, St.-Hil.; S. innocua, Caill. ;
Del.; Ignatia amara, Linn.; Spigelia anthelma, Linn.

—

Ordo cxxxiii. *Apocyneæ*.

Carissa Carandas, Linn. *Péroum-kla-marom, Kalaka*.
— spinorum, Linn. *Kla-cheddi*.
Allamanda cathartica, Linn.
Thevetia neriifolia, Juss. *Manja-alarie*.
Cerbera Odollam, Gært. *Odellay, Caat-aralie*.

Rauwolfia tomentosa, Jacq.

Tabernæmontana citrifolia, Linn. *Nundeavettée-cheddi.*

— coranaria, Willd.

Plumeria alba, Linn.

— acutifolia, Poir.

Vinca rosea, Linn. *Alarie-pondou, Nittié-kaliani.*

— — var. alba, Hort. *Vellé-alarie-pondou, vellé-nittié kaliani.*

— parviflora, Retz. *Moulaka-pondou.*

Alstonia scholaris, R. Br. *Eer-ellé-palé-marom.*

Holarrhena Codaga, G. Don. *Kontji-pâlé.*

Nerium odorum, Soland. *Alarie-cheddi, Aralie, Castouri-paté-cheddi.*

— — var. alba Hort. *Vellé-alarie-cheddi, Vellé-aralie, Vellé-castouri paté-cheddi.*

— — rosea plena, Hort. *Retté-ouda-alarie-cheddi, Retté-ouda-aralie.*

— — coccinea plena, Hort. *Retté-segapou-alarie-cheddi, Retté-segapou-aralie.*

Strophanthus laurifolia, D. C.

Wrigthia tinctoria, R. Br. *Veppalé marom.*

DESIDERATA: Haucornia speciosa, Gom.; Ambelania acida, Aubl.; Carpodinus dulcis, Don.; Couma guianensis, Aubl.; Willughbeia edulis, Roxb.; Vallesia..... (Pao pereira du Brésil); Ophioxylon serpentinum, Willd.; Rauwolfia.... (Casca d'Anta), Alyxia stellata, Rœm et Schult.; Urceola elastica, Roxb.; Vahea gummifera, Poir.; V. madagascariensis, Boj.; Tabernæmontana utilis, Arn.; Roupelia grata, Wall.

ORDO. CXXXIV *Asclepiadeæ.*

Cryptostegia grandiflora, R. Br. *Palé-codi.*

Periploca albo-flavescens, Dennst.

Hemidesmus indicus, R. Br. *Nennari-codi.*

Sarcostemma brevistigma, W. et Ar.

— viminale, R. Br. *Codi-kali.*

Dœmia extensa, R. Br. *Outoumany-codi, Veli-paraté*.
Calotropis gigantea, R. Br. *Eroucain-cheddi, Yercum*.
— — var alba, *Vellé-éroucain-cheddi, Vellé-yercum*.
Oxystelma esculentum, R. Br. *Oussi-palé-codi*.
Asclepias asthmatica, Linn.
— Curassavica, Linn.
— tenuissima, Roxb.
— tuberosa, Linn.
— prolifera, Rottl. *Nansaroupane , Nandjaumou-rittan*.
Gymnema sylvestris, R. Br. *Sirrou-corindja*.
Hoya viridiflora, R. Br. *Codi-palé*.
Cosmostigma racemosa, Wigth.
Pergularia purpurea, Vahl. *Liane-Tonkin*.
Ceropegia bulbosa, Roxb.
Caralluma umbellata, Haw. *Ané-kalli-madéan,*
— ....*Kalli-madéan*.

Desiderata : Secamone emetica, R. Br.; Solenostemma Argel, Hayn.; Oxystelma Alpinii, Dne.; Gymnema tingens, Wigth.; Marsdenia tenacissima, Wigth.; M. tinctoria, R. Br.; Brachystelma tuberosum, R. Br.

Ordo cxxxv. *Gentianeæ*.

Exacum pedunculatum, Linn. *Kana-pondon*.
Hippion hyssopifolium, Spreng. *Vellarougou*.

Desiderata: Coutoubea spicata, Aubl.; Mitreola ophiorhizoïdes, Rich.;

CLASSIS XXX. NUCULIFERÆ.
—

Ordo cxxxvi. *Labiatæ*.
—

Ocimum ascendens, Willd. *Kâttou-toulessy, Nail-toulessy.*

— Basilicum, Linn. *Tiroumittou-patché.*

— canum Sims. *Kanjakoray.*

— gratissimum, Linn.

— sanctum, Linn. *Toulessy.*

— var. purpureum, Hort. *Sen-toulessy.*

Geniosporum prostratum. *Nila-toulessy, Camaré.*

Moschosma polystachya, Benth. *Sanéki.*

Anisochilus carnosus, Wall. *Karpouravalli.*

Pogostemon Heyneanum, Benth. *Patchouly, Kottam.*

Elsholtzia incisa, Benth.

Mentha piperita, Linn. *Widdatilam.*

Meriandra bengalensis, Benth. *Saya-ellé.*

Salvia lanata Roxb.

— . . . .

Origanum Majorana, Linn. *Marrou.*

Anisomeles intermedia, R. Wigth.

— malabarica, R. Br. *Perameyatty, Rettépima-routty? Peyamératti.*

— ovata, R. Br. *Eroumouttépinary? Rettépi-roumoutté?*

Leucas aspera, Spreng. *Toumy, Toumbé-kiraï.*

— biflora, R. Br.

— linifolia, Spreng. *Toumy, Toumbé-kiraï.*

— nutans, Spreng. — —

— stricta, Benth. — —

Phlomis bracteosa, Royle. *Nele-moulli-cheddi.*

—

ORDO CXXXVII. *Verbenaceæ.*

Lippia nodiflora, Rich. *Poudoutallé.*

Verbena chamædrifolia, Juss.

— venosa, Gill. et Hook.

Stachytarpha indica, Vahl. *Simé-navérindjy.*

Priva leptostachya, Juss.

Lantana indica, Roxb.

— nivea, Vent.

— salvifolia, Jacq. *Tchem-moulli-cheddi, Andernan-cheddi.*

Vitex Negundo, Linn. *Notchy-marom, Vellay-noochie.*

— trifolia, Linn. — *Nir-noochie.*

Premna cordifolia, Roxb.

— integrifolia, Linn. *Passou-miné-marom, Miné-marom.*

— esculenta, Roxb.

— latifolia, Roxb. *Eroumé-miné-marom.*

— sambuscina, Wall.

— tomentosa, Willd. *Poudanganary-marom.*

Tectona grandis, Linn. fils. *Tek-marom.*

Gmelina arborea, Roxb. *Commy-marom, Coummy-marom, Goomadee.*

— asiatica, Linn. *Coumoulin, Neelacoomil.*

— parvifolia, Roxb. *Coumoulin.*

Citharexylon quadrangulare, Jacq. *Côtelet, Bois-guitare.*

— var. sterilis. — —

Clerodendron farinosum, Wall.

— fragrans, Vent.; var. pleniflora, Hort.

— inerme, R. Br. *Pinary-sanguine-cheddi, Sangam-cupy.*

— infortunatum, Linn.

— longiflorum, D^{ne}.

— phlomoïdes, Linn. fils. *Taloudalé-cheddi.*

— serratum, Blum. *Chiru-dekku.*

— siphonanthus, R. Br. *Covelé-cheddi.*

Duranta Plumierii, Linn.

Petræa.

Callicarpa incana, Roxb.

Symphorema involucrata, Roxb.

Desiderata : Lantana Pseudo-thæa, Saint-Hil.; L. annua, Linn.; L. trifolia Linn. Aegiphylla salutaris, H. B. K.

ORDO CXXXVIII. *Stilbineæ.*

ORDO CXXXIX. *Globularineæ.*

ORDO CXL. *Selagineæ.*

ORDO CXLI. *Myoporineæ.*

ORDO CXLII. *Cordiaceæ.*

Cordia monoïca, Roxb.
— latifolia, Roxb.
— Myxa, Linn. *Sirrou-naravelly-marom,Vidi-marom.*
— Perrottetii, D. C. *Naravelly-marom.*
— polygama, Roxb. *Péroum-naravelly-marom.*
— speciosa , Willd. *Pouinnou-naravelly-marom;*
     Bouton d'or.

Desiderata : Gerascanthus vulgaris, Mart.; Patagonula vulneraria , Mart.

ORDO CXLIII. *Asperifoliæ.*

Beurreria aspera, G. Don. *Tella-Joavi-marom.*
— lœvis, G. Don.

Tournefortia viridiflora, Wall.

Heliotropium coromandelinum, Retz.

— malabaricum, Retz.

— zeylanicum, Lam.

Tiaridium indicum, Linn. *Kaikodukkou, Tayl-kodukhoo.*

— velutinum, Lehm.

Echium vulgare, Linn.

Trichodesma indicum, Lehm.

— zeylanicum, R. Br. *Kadjoudé-toumpé, Kad-joudé-toumbé.*

—

CLASSIS XXXVI. TUBIFLORÆ.

ORDO CXLIV. *Convolvulaceæ.*

Evolvulus alsinoïdes, Linn. *Vichenou-harandi.*

— emarginatus, Burm. *Elli-cadou-kiraï.*

Porana paniculata, Roxb.

Hewittia cæspitosa, Steud.

Convolvulus asper, Wall.

— maximus, Linn.

— parviflorus, Willd.

— pentadactylus, Wall.

— sepium, Linn. *Vally-kiraï.*

Ipomæa Bonanox, Linn.

— coptica, Roth.

— fastigiata, Sweet.

— gemella, Roxb.

— maritima, R. Br.

— pileata, Roxb.

— pilosa, Arn.

— reniformis, Arn.

— rugosa, Arn.

Ipomæa rumiscifolia, Chois.

— sagittæfolia, Burm.

— sepiaria, Roxb.

— sessiliflora, Roth.

— staphylina, R. S.

— striata, Pers. *Taly.*

— Turpethum, R. Br. *Shevadié.*

— vitifolia, Chois.

†Quamoclit phœnicca, Chois.

— vulgaris, Chois.

Batatas edulis, Chois. var. *Segapou-valli-kejangou.*

— — var. *Manja-valli-kejangou.*

— — var. *Vellé-valli-kejangou.*

— pentaphylla, Chois.

Argyreia acuta, Lour.

— bracteata, Chois.

— elliptica, Arn.

— malabarica, Chois. *Pè-mousté.*

— speciosa, Sweet. *Samudra-cheddi.*

DESIDERATA : Convolvulus scoparius, Linn. fils.; C. mammosus, Lour. ; Ipomœa Purga, Wender, Batatas Jalapa, Chois.

ORDO CXLV. *Polemoniaceæ.*

—Phlox Drummondii, Hook.

ORDO CXLVI. *Hydrophylleæ.*

ORDO CXLVII. *Hydroleaceæ.*

Hydrolea zeylanica, Vahl. *Pounnagany, Sakakatia?*

ORDO CXLVIII. *Solanaceæ.*

Petunia nyctaginiflora, Juss.

— violacea, Hook.

Nicotiana macrophylla, Spreng. *Vellaty.*
— Tabacum, Linn.
Datura alba, Wall. *Vellé-houmaté.*
— arborea, Linn.
— Hummata, Bern. *Pounou-houmaté, Karou-houmaté Nela-houmaté.*
— lævis, Linn. fils.
✚— stramonium, Linn.
— trapezia, Wall.
Physalis flexuosa, Linn. *Amonkounan-kejangou.*
— minima Linn. *Nattou-takally.*
— pubescens. *Péroum-takally.*
✚Capsicum annuum, Linn. *Molakay.*
— frutescens, Linn. *Kandhori-molakay.*
— grossum, Linn. *Kapiri-molakay.*
— microcarpum, D. C. *Pè-molakay.*
Solanum decemdentatum, Roxb. *Sonda-cheddi.*
— esculentum, Dun. *Kattirikay, Mouli-kattirikay, Valoothalay.*
— ferox, Linn. *Ana-choonday.*
— indicum, Linn. *Karimouli, Mouli.*
— Jacquinii, Willd. *Kadangatterikay.*
✚— nigrum, Linn. *Manatakally.*
— pubescens, Willd.
— surattense, Burm.
— trilobatum, Linn. *Toudouvelé.*
— trifoliatum, Burm.
— tuberosum, Linn. *Ourlé-kejangou, Vallaré-ke-jangou.*
↓Lycopersicum esculentum, Mill. *Takally.*

DESIDERATA : Physalis peruviana, Linn.; Witheringia montana, Dun.; var. arenaria, DC. Solanum album, Lour.; S. quitense, H. B.; S. æthiopicum, Linn.; S. Anguivi, Lam.; S. bulbocastanum, Moc.; S. indigoferum, St-Hil.; S. muricatum, Ait.; S. oleraceum, Rich.; S. laciniatum, Ait.; S. autropopha-gorum . . . .; S. racemosum, Lam.; S. sessiliflorum, Dun.; S. Valenzuelae, Pall.; S. Pseudo-china St-Hil., Cestrum Pseudo-quina, Mart.

CLASSIS XXXVII. PERSONATÆ.

—

ORDO CXLIX. *Scrophularineæ.*

Celsia coromandelina, Vahl.
Angelonia salicariæfolia, H. B. *Karoun-toumbé.*
Russelia juncea, Zucc.
— sarmentosa, Jacq. *Goutte-de-sang.*
Pterostigma capitatum, Benth.
Herpestis Brownei, Steud. *Nir-pirimy.*
Torenia.
Striga Euphrasioïdes, Steud.

DESIDERATA: Brunsfelsia americana, Linn.; Scoparia dulcis, Linn.;
Copraria ? biflora, Linn.; (thé des Antilles).

—

ORDO CL. *Acanthaceæ.*

Thunbergia fragrans, Roxb.
— grandiflora, Roxb.
Meyenia erecta.... var. albiflora.
Elytraria crenata, Vahl. *Nilacadambou.*
— lyrata, Vahl.
Adenosma balsamea, Spreng.
— uliginosa, Spreng.
Dyschoriste littoralis, Nees.
Petadilium barlerioïdes, Nees.
Ruellia dependens, Roxb.
— neglecta, Steud.
— ringens, Russ.
— tentaculata, Linn.
Asystasia coromandeliana, Nees.
Asteracantha longifolia, Nees. *Nir-moulli.*

Barleria ciliata, Roxb.
— cœrulea, Roxb. *Nilan-tchem-moulli-cheddi.*
— — var. rosea. *Ouda-tchem-moulli-cheddi.*
— dichotoma, Roxb.
— Prionitis, Linn. *Manja-tchem-moulli-cheddi.*
Lepidigathis cristata, Willd. *Karaponepondou.*
Dilivaria ilicifolia, Juss. *Koli-moulli-cheddi, Attou-moulli-cheddi, Tillé-cheddi.*
Crossandra undulæfolia, Salisb.
Graptophyllum hortense, Nees.
— var. discolor.
— var. pictum.
Gendarussa vulgaris, Nees. *Karou-notchy.*
— tranquebariensis, Nees. *Tavashoo-moorunghie-Poonakoo-poondoo.*
Justicia Adhatoda, Linn.
— Betonica, linn. *Mouketi-cheddi.*
— Ecbolium, Linn.
— lætevirens, Vahl.
— Moretiana, Burm.
— . . . . .
Rhinacanthus, calcaratus Nees.
— communis, Nees.
Rungia repens, Nees. *Kadag-saleh.*
Andrographis echioïdes, Nees. *Covilan-tengui.*
— paniculata, Wall. *Nila-vembou, Pouttou-nangué, Nagué-taly.*

Ordo cli. *Bignoniaceæ.*

Sesamum orientale, Linn. *Ellou, Per-ellou-cheddi.*
— — var. *Kour-ellou-cheddi.*
— — var. *Vellé-ellou-cheddi.*
— prostratum, Retz. *Kattou-ellou.*

Tecoma stans, Juss. *Bois-pissenlit.*

— capensis, Lindl.

— xylocarpa, G. Don.

Spathodea atrovirens, Spreng. *Maremollikay-marom.*

— falcata, Wall.

— arcuata W. Arn. *Pesselaty-marom.*

— stipulata, Wall.

Heterophragma Roxburghii, D. C. *Itty-marom.*

Stereospermum chelonoïdes, D. C. *Velapathri - marom ,*
Poupadyra-marom.

— suaveolens, D. G. *Padiry-marom.*

Bignonia undulata, Smith.

Millingtonia hortensis, Linn. fils. *Málé-vimbou-marom.*

Desiderata: Catalpa longissima, Sims. ; Tecoma pentaphylla , Juss.;
Sparattasperma lithontripticum , Mart.; Bignonia Chica, H. B. K.; B.
æquinoctialis, Linn.; B. leucoxylon, Linn.; B....., Ebène verte-brune des
Antilles; Cybistax antisyphilitica, Mart.

—

ORDO CLII. *Gesnëraceæ.*

Parmentiera cerifera , D. C. ?

Crescentia Cujete, Linn. *Malé-tenna-marom.*

ORDO CLIII. *Pedalineæ.*

Martynia diandra, Glox. *Kajou-houmaté , Tel-koddoukou.*

Pedalium murex, Willd. *Ané-néringie.*

Desideratum : Cranioloria annua, Linn.

ORDO CLIV. *Orobancheæ.*

ORDO CLV. *Utriculariæ.*

CLASSIS XXXVIII. PETALANTHÆ.

ORDO. CLVI. *Primulaceæ.*

ORDO. CLVII. *Myrsineæ.*

DESIDERATA : Embelia esculenta, Don.; Mæsa picta Hochst.; Oncinus cochinchinensis, Lour.

ORDO CLVIII. *Japotaceæ.*

Chrysophyllum bicolor, Poir.
 —   Caïnito, Linn.
 —   rufum, Mart.
Sideroxylon tomentosum, Roxb.
Achras Sapota, Linn. *Simé-éloupé-marom.*
Bassia latifolia, Roxb. *Iloupé-marom.*
 — longifolia, Linn. — —
Mimusops Balota, Gært fils *Pala-marom.*
 — Elengi, Linn. *Magoudin-marom, Cavounkin.*

DESIDERATA : Chrysophyllum glyciphlœum, Casar.; C. pyriforme, Willd.; C. grandifolium, Steud.; C. argenteum, Jacq.; C. microcarpum, Sw.; C. monopyrenum, Sw.; Sideroxylon cinereum, Lam.; Labatia macrocarpa, Swartz.; Bumelia nigra, Sw.; Dipholis salicifolia, A. DC.; Achras sideroxylon ? A. australis, R. Br.; Lucuma Bonplandii, Kunth.; L. mammosum, Gært. fils.; Bassia Parkii. DC.; B. butyraceæ, Roxb.; Imbricaria borbonica, Gært. fils; I. malabarica, Poir.

ORDO CLIX. *Ebenáceæ.*

Maba buxifolia, Pers. *Iroumbili-marom.*
Cargillia.

Diospyros Ebenaster, Retz. *Toumby-kay, Atcha-marom.*
— cordifolia, Roxb. *Vakana-marom.*
— montana, Roxb.
— sylvestris, Roxb.
Embryopteris, Pers. *Toumbikay, Mabolo, Pattou-poutchy-marom.*

DESIDERATA : Diospyros Ebenum, Retz.; D. Kaki; Linn. fils; D. Tapota, Roxb.

———

ORDO CLX. *Styraceæ.*

DESIDERATUM : Styrax Benzoin, Dryand.

CLASSIS XXXIX. BICORNES.

———

ORDO CLXI. *Epacrideæ.*

ORDO CXXII. *Ericaceæ.*

CAHORS IV. DIALIPETALÆ.

ORDO CLXIII. *Umbelliferæ.*

Hydrocotyle asiatica, Linn. *Vallaray.*
Apium graveolens, Linn.
— — var. tuberosum, Hort.
—? .... *Persil de Bengalore.*
Petroselinum sativum, Hoffm.
Ptychotis Ajowan, DC. *Omâme, Oumâme, Womum.*
Pimpinella Anisum, Linn. *Sombou.*
Anethum Sowa, Roxb. *Sadacoupy*

Fœniculum Panmorium, DC.

✝ — vulgare, Gært. *Péroum-siragum*.

✝Pastinaca sativa, Linn.

Cuminum cyminum, Linn. *Siragum*.

✝Daucus Carota, Linn. *Carot-kejangou*.

✝Coriandrum, sativum. *Cottamalli-kiraï*.

DESIDERATA : Ferula persica, Willd. ; Arracacha esculenta, DC. (la plante entière ou le collet détaché, non les graines).

—

ORDO CLXIV. *Araliaceæ*.

Panax fruticosum, Linn.

DESIDERATUM : Hedera arborea, Swartz.

ORDO CLXI. *Ampelideæ*.

Cissus carnosa, Lam. *Poulinaralé*.

— pedata, Lam. *Naralé*.

— quadrangularis, Linn. *Perandey-cody*.

— setosa, Roxb. *Poulinaralé-kejangou*.

Vitis latifolia, Roxb. *Kottou-codi-moundry*.

— vinifera, Linn. *Codi-moundry*.

Leea Staphylea, Roxb.

DESIDERATA : Vitis vinifera, Linn.; var. Chasselas de Fontainebleau; Ch. gros goulard; Ch. queen Victoria; Ch. à grosses grappes; Ch. rose; Muscat de Frontignan; Raisin de Scharis; R. de Maroc; R. de Cherchell; Plant de Dellys.

—

ORDO CLXVII. *Corneæ*.

DESIDERATUM : Cornus capitata, Wall.

Ordo CLXVIII. *Loranthaceæ*.

Viscum monoïcum, Roxb.
Loranthus longiflorus, Desr. *Pillé-éry, Mang-poulouyou-*
rouvi.

Ordo CLXVIII. *Hamamelideæ*.

Ordo CLXIX. *Bruniaceæ*

CLASSIS XLI. CORNICULATÆ.

Ordo CLXX. *Crassulaceæ*.

Bryophyllum calycinum, Salisb. *Vetu-cajan, Canadi-*
kally.

Ordo CLXXI. *Saxifragaceæ*.

Vahlia Oldenlandia, DC.
— sessiliflora, DC.

Ordo CLXXII. *Ribesiaceæ*.

CLASSIS XLII. POLYCARPICÆ.

Ordo CLXXIII. *Menispermaceæ*.

Cocculus cordifolius, DC. *Sindel-codi, Amudam, Amu-*
davalli.
— suberosus DC.
— villosus DC.
Clypea Burmanni, W. et Arn. *Mousté-kiré, Vatté-tilipody,*
Pounnou-mousté.

Desiderata : Cocculus Cebatha, D C.; C. Limacia, D C.; C. palmata, DC.; Cissampelos Caapeba Linn.; C. mauritiana, Pet. Th.

Ordo clxxiv. *Lardizabaleæ.*

Ordo clxxv. *Myristiceæ.*

Desiderata : Myristica fragrans, Blum.; M. fatua, Sw.; M. longifolia? (du Gabon), M. angolensis? M. sebifera, Sav.

Ordo clxxvi. *Anonaceæ.*

Artabotrys odoratissima, R. Br. *Manorindjidan-cheddi, Sambagui-cheddi.*
Guatteria longifolia, Wall. *Assody-marom, Assogou-marom.*
— sempervirens, Dun. *Vassa-kakian.*
Anona muricata, Linn.
— reticulata, Linn. *Tchitta-marom.*
— squamosa, Linn. *Atta-marom.*

Desiderata : Uvaria dulcis, Dun.; U. zeylanica, Linn.; Unona longifolia, Roxb.; U. concolor, Willd.; U undulata, Dun.; Artabotrys, suaveolens, Blum.; Anona africana, Linn.; A. palustris, Linn.; A. senegalensis, Juss.; A. Forskahlii, DC.; A. asiatica, Linn.; Monodora myristica, Dun.

Ordo clxxvii. *Schizandracea.*

Desiderata : Michelia Champaca, Linn.; Drymis Winterii, Forst.; D. granatensis, Linn. fils.; D. mexicana? Moç et Sess.

Ordo clxxix. *Dilleniaceæ.*

Tetracea.

DESIDERATA : Colbertia obovata, Blum.; Dillenia elliptica, Thunb.; D. serrata, Thunb.; D. speciosa, Thunb.; Tetracea potatoria, Afz.; T. Tigarea, DC.

—

ORDO CLXXX. *Ranunculaceæ.*

ORDO CLXXXI. *Berberideæ.*

Berberis tinctoria, Lesch.

CLASSIS XLIII. RHOEADES.

ORDO CLXXXII. *Papaveraceæ.*

†Argemone mexicana, Linn. *Biroumarakácy, Condiotty.*

ORDO CLXXXIII. *Druciferæ.*

✗Nasturtium palustre, DC. *Cress-kiraï.*
✗Lepidium sativum, Linn.
†Brassica oleracea, Linn. *Covissou.*
— — var. capitata, Hort. *Moutté covissou.*
— — var. Gougyloïdes, Mill. *Covissou-kejangou.*
Sinapis sinensis, Linn. *Kadoukou.*
— dichotoma, Roxb. —
†Raphanus sativus, Linn. *Moulangui.*
— — var. radicula, Hort. *Vellé-moulangui.*
— — var. rotundus, Mill. *Ségapou-moulangui.*

DESIDERATA : Brassica sinensis, Linn.; Raphanus caudatus, Linn.; R. sativus ? Linn.; var. macrospermus.

—

Ordo clxxxiv. *Capparideæ.*

Gynandropsis pentaphylla, DC. *Vélé, vélé-kiraï.*
— triphylla, DC.
Cleome dodecandra, Linn.
— monophylla, Linn.
Polanisia viscosa, DC. *Nail-kadougou.*
Cadaba indica, Lam. *Vigidi?*
Nieburhia oblongifolia, DC. *Poumisakarevalli-kejangou.*
Capparis acuminata, Willd. *Adouday, Adenden.*
— brevispina, Roxb. *Anthonday-kay.*
— horrida Linn, fils. *Adouday, Adenden, Kattily-
kay, Catalli, Toaratti-ma-
rom.*
— sepiaria, Linn.
— .... *Kilikligan*
Cratæva Nurvala, Hamilt. *Mavilingué-marom.*

Desiderata : Mærva crassifolia, Forsk; Capparis ægyptia, Lam.; Sodada decidua Forsk.

Ordo clxxxv. *Resedaceæ.*

Ordo clxxxvi. *Datisceæ.*

CLASSIS XLIX. NELUMBIA.

Ordo clxxxvii. *Nymphæaceæ.*

Nymphæa pubescens, Willd. *Ally, Nedel-kejangou.*
— rubra, Roxb. *Segapou-ally.*

Desiderata : Euriale ferox, Salisb. Victoria regalis Schomb.

Ordo CLXXIX. *Cabombeæ*.

Ordo CLXXIX. *Nelumboneæ*.

Nelumbium speciosum, Willd. *Tamaré, ouda-tamaré, vellé-tamaré,*

—

CLASSIS XLV. PARIETALES.

Ordo CXC. *Cistineæ*.

Ordo CXCI. *Droseraceæ*.

Ordo CXCII. *Violarieæ*.

Ionidium suffruticosum, Ging. *Orilé-tamaré.*

Ordo CXCIII. *Sauvagesieæ*.

Ordo CXCIV. *Frankeniaceæ*.

Ordo CXCV. *Turneraceæ*.

Ordo cxcvi. *Samydeæ.*

Casearia elliptica. *Klaare-marom.*

Ordo cxcvii. *Bixaceæ.*

Bixa Orellana, Linn. *Venné-véré, Karagou-manja,*
Sappah-marom.
Flacourtia sepiaria, Roxb. *Schettou-Kela, Sottacla.*

Desiderata : Flacourtia Ramontchi, Her. ; Pangium Rumphii, Horsf. ;
Gynocardia odorata, Roxb.

Ordo cxcviii. *Homalineæ.*

Ordo cxcix. *Passifloreæ.*

Passiflora hibiscifolia, Lam. *Sirrou-pouney-kally.*
— laurifolia, Linn.
— Leschenaultii , DC.
— pallida? Linn.

Desiderata : Paropia edulis, Pet. Th.; Deidamia alata, Pet. Th.; Passiflora brasiliensis Desf.; P. edulis, Sims.; P. incarnata, Linn.; P. cœrulea,
Linn.; P. coccinea, Aubl.; P. ligularis, Jus.s; P. longipes, Juss.; P. mali-
formis, Linn.; P. filamentosa, Cav.; P. lutea, Linn.; P. punctata, Lodd.;
P. serrata, Linn.; P. quadrangularis, Linn.; P. fœtida, Linn.; P. rubra
Linn.; P. lyræfolia, Juss.; P. ornata, H.B.; P. pedata, Linn.; P. tiliæ-
folia, Linn. , Juss.; P. tinifolia, Juss.; Tacsonia mollissima, H.B.; T.
tripartita, Jus.; T. speciosa, H.B.

Ordo cc. *Malesherbiaceæ.*

Ordo cci. *Loaseæ.*

Ordo CCII. *Papayaceæ.*

Carica Papaya, Linn. *Vapi-marom.*

DESIDERATUM : Vas concella quercifolia, A. St Hil.

CLASSIS XLVII. PEPONIFERÆ.

Ordo CCIII. *Nhandirobeæ.*

DESIDERATUM: Fevillea cordifolia, Linn.

Ordo CCIV. *Cucurbitaceæ.*

Bryonia callosa, Rottl. *Toumoutty.*
— epigæa, Rottl. *Agassakiradin.*
— laciniosa, Linn. *Ayévélin.*
— rostrata, Rottl. *Appacové.*
— scabrella, W. et Arn. *Moussoumouské.*
Citrullus colocinthis, Scrad. *Pè-toumoutty.*
Momordica Balsamina, Linn. *Combou-pavai-codi.*
— Charantia, Linn. *Pavai-codi.*
— muricata, Willd. *Miri-pavai-codi.*
Luffa acutangula, Ser. *Pikan-codi.*
— Pluckenetia, Ser. *Pè-pikan-codi.*
— echinata, Roxb.
— ? *Noré-pikan-codi. Noré-pikin.*
Benincasa cerifera, Sav. *Kaliana-poussiny.*
Lagenaria vulgaris, Ser. *Sora-codi.*
Cucumis Citrullus, Ser. *Sorakai-toumoutty.*
— flexuosus, Linn. *Podélé, Podelan-codi*
✝ — Melo, Linn. *Molam.*
— pubescens, Willd. *Varévou-toumoutty. Sourou.*
✗ — sativus, Linn. *Vellery.*
— Var. *Concombre.*

(53)

+Cucurbita maxima, Duch. *Simè-poussiny*.
+ — Melopepo, Linn. *Poussiny*.
+ — Pepo, Linn. *Poussiny*.
Coccinia indica, W. et Arn, *Covè*.
Trichosanthes palmata, Roxb. *Couratté, Koulasavidagom, Aucoruthay, Villapoutry*.

DESIDERATA: Telfaira pedata, Hook; Cucurbita Melopepo, Linn; var aurantiiformis, Hort., var. pyriformis, Hort.; var. radiata, Hort.; var. polymorpha, Hort.; var. verrucosa, Hort.; C. moschata, Duch.; Trichosanthes Anguria, Linn.; Sicyos angulata, Linn.; Sechium edule, Swartz.

ORDO CCV. *Begoniaceæ*.

CLASSIS XLVIII. OPUNTIÆ.

ORDO CCVI. *Cacteæ*.

Cereus peruvianus, Haw.
— speciosissimus, D.C.
Opuntia coccinellifera, Mill *Poutchy-kalli*.
— Dillenii, D.C.
— ferox, Haw. *Nagataliè-kalli*.
— stricta, Haw.
Pereskia aculeata, Mill.

DESIDERATA: Melocactus communis, D.C.; Mamillaria simplex, Haw.; Cereus triangularis, Haw.; C. variabilis, Pfeiff.; Opuntia Ficus-indica, Mill.; Pereskia rotundifolia, S. Dyck.

CLASSIS XLIX. CARYOPHYLLINEÆ.

ORDO. CCVII. *Mesembryanthemeæ*.

Mesembryanthemum.

DESIDERATUM : Mesembryanthemum edulis, Linn.

ORDO CCVIII. *Portulaceæ.*

Trianthema cristallina, Vahl. *Vellé-Saráné.*
— decandra, Linn. *Serrou-sárané, Mamoudély-pondou, Sattarané-pondou.*
— obcordata, Roxb. *Sárané.*
᙭Portulaca oleracea, Linn. *Kogi-kiraï-pondou, Pirapou-kiraï-pondu.*
— quadrifida, Linn. *Passélé-kiraï.*
— tuberosa, Roxb. *Kejangou-pirapou-pondou.*
Talinum indicum, Wigth.
Glinus dictamnoïdes, Linn. *Sirrou-séroupadé.*
— lotoïdes, Linn. *Séroupadé.*
— ononoïdes, Burm.
Mollugo Cerviana, Ser: *Parpadagom.*
— nudicaulis, Lam. *Péroun-parpadagom.*
— spergula, Linn. *Tora, Péroun-tora.*
— stricta, Linn.

DESIDERATUM : Claytonia cubensis, Bonpl.

ORDO CCIX. *Caryophylleæ.*

Polycarpæa corymbosa, Linn.
— spadicea, Lam.
᙭Dianthus caryophyllus, Linn.

ORDO CCX. *Phytolacaceæ.*

Rivina orientalis, Moq.
DESIDERATA : Petiveria alliacea, Linn.; P. tetranda, Gom.

CLASSIS L. COLUMNIFERÆ.
—

Ordo ccxi. *Malvaceæ.*

Althæa coromandelina, Cav.
Malva mauritiana, Linn. *mauve de la Mauritanie*
Urena lobata, Linn.
 — sinuata, Linn.
Pavonia odorata, Willd. *Péramoutty.*
 — zeylanica, Cav. *Sittamoutty.*
Hibiscus cannabinus, Linn. *Poulitchakiraï, Çatchériqué.*
 — phœniceus, Linn.
 — micranthus, Linn. fils. *Péramoutty.*
 — — var. scaber. —
 — mutabilis, Linn.
 — — var. flore pleno.
 — radiatus, Cav.
 — Rosa-sinensis, Linn. *Sapatte-cheddi.*
 — — var. plena. *Retté-sapatte-cheddi.*
 — — var. aurantiaca plena, Hort.
 — — var. pallida, Hort.
 — Sabdariffa, Linn. *Simé-poulitcha-kiraï.*
 — surattensis, Linn. *Kacheli-kiraï.*
 — vitifolius, Linn. *Many-toutty, Kattou-toutty.*
Malvaviscus arboreus, Cav.
Abelmoschus esculentus, W. et Arn. *Vanda-cheddi.*
 — ficulneus, W. et Arn. *Kattou-vanda-cheddi.*
 — moschatus, Med. *Vétilé-custoury.*
 — rugosus, W. et Arn.
Paritium tiliaceum, St-Hil.
Thespesia populnea, Corr. *Porcher, Pourousa-marom.*
 — — var. sterilis. — —

Gossypium album, W. et Arn. *Pangi-cheddi*.

— arboreum, Linn. *Oupou-parity-cheddi*.

— — var. purpureum. *Segapou-parity-cheddi*.

— barbadense, Linn. *Simé-pangy-cheddi*.

— indicum, Lam. *Pangy-cheddi*.

— religiosum, Linn. *Manja-pangy-cheddi*.

Sida acuta, Burm. *Mâlé-tingui,. Arroua-manoupondou*.

— alnifolia, Linn.

— cordifolia, Linn.

— mysorensis, Herb. Mad.

— radicans, Cav.

— rhomboidea, Roxb.

— retusa, Linn. *Maïr-manicam-pondou,. Karoun-toutty*.

— spinosa, Linn.

Abutilon asiaticum, C. Don. *Péroun-toutty-cheddi*.

— indicum, G. Don. *Toutty-cheddi*.

— tomentosum. *Nélé-toutty-cheddi*.

Lagunea lobata, Willd.

ORDO CCXII. *Sterculiaceæ.*

Adansonia digitata, Linn. *Toddy-marom, Papara-poulia-marom*.

Carolinea insignis, Swartz.

Bombax malabaricum, D.C. *Moullou-iléven-marom*.

Eriodendron anfractuosum, D.C. *Ileven-marom*.

Helicteres Isora, Linn. *Valamboury*.

Sterculia fœtida, Linn. *Koudrépoudoucou-marom, Pi-nary-marom*.

— populifolia, Roxb.

— urens, Roxb. *Vellay-poutallié-marom, Ka-valli-marom*.

— villosa, Roxb. *Tanoukou-marom*.

Desiderata : Pachira aquatica, Aubl.; Durio Zibethinus, Linn., Heritiera littoralis, Lam.; Sterculia acuminata, Beauv.; S. cordifolia, Cav.; S. nobilis, Smith.; S. Chicha, St-Hil.

Ordo ccxii. *Buttneriaceæ.*

Guazuma tomentosa, H. B. K. *Toubaki-marom.*
Waltheria indica, Linn.
Melochia cordata, Roxb.
Riedlea corchorifolia, D. C. *Pounakou-kiraï, Chimpuram.*
— supina, D.C.
— truncata , D.C.
Pentapetes phœnicea, Linn.
Melbania incana, Heyn.
Pterospermum semi-sagittatum, Roxb.
— suberifolium, Willd. *Ottin-marom, Toddie-marom.*

Desiderata : Theobroma Cacao, Linn.; T. bicolor, Kunth.; T. speciosa, Willd.; T. subincana, Mart.; T. sylvestris, Mart.; T. microcarpa, Mart.

Ordo ccxiv. *Tiliaceæ.*

Corchorus acutangulus, Lam.
— capsularis, Linn.
— olitorius, Linn. *Peripounangue.*
— tridens, Linn.
— trilocularis, Linn. *Pounangue-kiraï.*
Triumfetta angulata, Linn.
— pilosa, Roth.
— rotundifolia, Lam. *Mouda-pondou.*
— semitriloba, Linn.
Grewia abutilifolia, Juss.
— asiatica, Linn. *Fulsa-cheddi.*
— glabra, Blum. *Vaconné-cheddi.*
Berrya ammomylla, Roxb. *Chavoundel-marom, Tircana-malé-marom.*

DESIDERATA : Sloanea dentata, Linn.; [Elæocarpus lancéolatus, Blum.; E. Redjosso, Horsf.; E. serratus, Lam.

CLASSIS LI. GUTTIFERÆ.

ORDO CCXV. *Dipterocarpeœ*.

DESIDERATA : Dryobalanops Camphora, Coleb.; Vateria indica, Linn. Shorea robusta, Roxb.

ORDO CCXVI. *Chlœnaceœ*.

DESIDERATUM : Hugonia Mystax, Linn.

ORDO CCXVII. *Thernstromiceœ*.

Cochlospermum gossypium, Kunth. *Congue-marom, Congou-iléven.*

ORDO CCXVIII. *Clusiaceœ*.

Garcinia cornea, Linn. *Kourka-pouli.*
Xanthochymus pictorius, Roxb. *Makki-marom.*
Mesua ferrea, Linn. *Iroul-marom.*
Calophyllum inophyllum, Linn. *Pinné-marom.*
— Tacamahaca, Willd.

DESIDERATA : Verticillaria acuminata, Ruiz. et Pav.; Clusia alba, Linn., C. rosea, Linn.; C. flava, Linn.; C. venosa, Linn.; Monorobea coccinea; Aubl.; Mammea americana, Linn.; Garcinia Mangostana, Linn.; G. Cambogia, Desr.; G. cochichinensis, Chois.; G. elliptica chois.; G. Morella, Desv.; Pentadesma butyracea, R. Br.; Hebradendron cambogioïdes, Grah.; Singana guianensis, Aubl.; Rheedia americana, Hort.; Platonia insignis, Mart.; Canella alba, Murr.

ORDO CCXIX. *Marcgraviaceæ.*

ORDO CCXX. *Hypericineæ.*

DESIDERATA : Hypericum lanceolatum, Lam.; Cratoxylon Hornschuchii, Blum.

ORDO CCXXI. *Elatineæ.*

ORDO CCXXII. *Tamarisceæ.*

ORDO CCXIII. *Reaumuriaceæ*

CLASSIS LII. HESPERIDES.

ORDO CCXXIV. *Humiriceæ.*

DESIDERATA : Myrodendron amplexicaule, Willd.; Aubrya gabonensis, H. Bail.

ORDO CCXXV. *Olacineæ.*

DESIDERATA : Icacina senegalensis, A. de Juss.; Ximenia americana, Linn.; Olax zeylanica, Linn. ; Balanites ægyptia, Del.; Coula edulis, H. Bail.

ORDO CCXXVI. *Aurantiaceæ.*

Atalanta monophylla, DC. *Courouttai.*
Triphasia Aurantiola, Lour. *Simè-kongi-cheddi , Auran-
gine.*
Limonia acidissima, Linn.
—   alata, Wald. *Kattou-yellou-mitch-marom.*

Glycosmis pentaphylla, Corr. *Kongi-cheddi*.
Bergera Kœnigii, Linn. *Karri-pilou-cheddi*.
Murraya exotica, Linn. *Kada-kongi-cheddi, Buis de Chine.*
Cookia falcata, DC.
Clausena pubescens, W. et Arn.
— Willdenowii, W. et Arn. *Vellé-kongi-cheddi.*
Feronia elephantum, Corr. *Velan-marom*.
Aegle marmelos, Corr. *Vilva-marom*.
— — var. macrocarpa — —
Citrus Aurantium, Linn. *Simé-nartem-marom*.
— decumana, Linn. *Pamplemousse-marom*.
— medica, Linn. *Elimitcham-marom*.
— vulgaris, Riss. *Nartem-marom*.

Desiderata: Limonia minuta, Forst.; Cookia punctata, Willd.

Ordo ccxxvii. *Meliaceæ*.

Melia Azedarach, Linn. *Mâlé-vimbou*.
Azadirachta indica, Juss. *Veppam-marom, Margosier.*

Desiderata : Milnea edulis, Roxb.; Lansium domesticum, Blum.; San-
doricum indicum, Çav.; Trichilia emetica, Vahl.; Moschoxylon Swartzii,
Juss.; Guarea purgans, St Hil.; G. spiceflora, A. Juss.; G. grandiflora,
DC.; Carapa guianensis, Aubl.; C. moluccensis, Lam.; C. guineensis,
Sweet.; Personia juniperina, Labill.

Ordo ccxxviii. *Cedrelaceæ*.

Chickrassia tabularis, Juss. *Pal-érouki-Patté, Aglay-
marom*.
Soymida febrifuga, Juss.
Chlorovylon Swietenia, DC.

Desiderata : Swetenia Mahogoni, Linn.; S. senegalensis, Desr.; Soymida
febrifuga, Juss.; Flindersia australis, R. Br.; Oxleya xanthoxylon, Cunn.;
Cedrela febrifuga, Blum.; C. odorata, Linn.

CLASSIS LIII. ACERA.

ORDO CCXXIX. *Acerineæ*.

ORDO CCXXX. *Malpighiaceæ*.

Hiptage Madablota, Gært. *Courougati*.
Malpighia coccigera, Linn.
— punicifolia, Linn. *Cerisier des Antilles*

— . . . .

DESIDERATA : Banistera Leona, Cav.; Malpighia glabra, Linn.; M. urens,
Linn.; Byrsonima crassifolia, H. B.; B. altissima, DC.; B. verbascifolia,
DC.; B. spicata, DC.; B. chrysophylla H. B. K.; B. nervosa, DC.; B.
laurifolia, H. B.; B. rhopalifolia, H. B.; B. cocolobœfolia, H.B.

ORDO CCXXXI. *Erythroxyleæ*.

Sethia indica, D. C. *Sema-vetti, Sembulinja-marom, De-*
vadram.

DESIDERATUM : Erythroxylon Coca, Lam.

ORDO CCXXXII. *Sapindaceæ*

Cardiospermum canescens, Wall. *Moudacattan*.
— halicacabum, Linn. *Mâlé-moudacattan*.
Schmidelia serrata, DC.

— . . . .

Sapindus emarginatus, Wahl. *Manipounga-marom*.

— . . . .

Cupania canescens, Pers. *Kattou-maga-marom*.
Nephelium Litchti, G. Don. *Litchi-marom*.
— longanum, Hook. *Pirapin-marom*.

(62)

Diodonæa Burmanniana, Lam. *Milari cheddi.*

DESIDERATA: Serjania triternata, Willd.; Paullinia Cururu, Linn.; P. Cupana, H. B. K.; P. Sorbilis, Mart.; P. acutangula, Pers.; P. subrotunda, Pers.; Schmidelia edulis, St Hil.; Sapindus senegalensis, Poir.; S. esculentus, St Hill.; Cupania Akeesia, Camb.; C. glabra, Swartz.; Nephelium lappaceum, Linn.; Melicoca bijuga, Linn.; M. olivæformis, H. B. K.; Pierardia dulcis, Jack.; Hedycarpus Malayanus, Jack.; Pappea oapensis, Eckl. et Zeyh.

ORDO. CCXXXIII. *Rhizoboleæ*

DESIDERATA : Caryocar glabrum, Pers.; C. nuciferum, Linn.; C. tomentosum, Willd.; C. butyraceum, Willd.

CLASSIS LIV. POLYGALINEÆ.

ORDO CCXXXIV. *Tremandreæ.*

ORDO CCXXXV. *Polygaleæ.*

Polygala glabra, Rottl. *Sirrou-nangué.*
— telephioïdes, Willd. *Périnangué.*
— wallichiana, Wigth.

DESIDERATA : Krameria triandra, Ruiz. et Pav.; K. ixina, Linn.

CLASSIS LV. FRANGULACEÆ.

ORDO CCXXXVI. *Pittosporeæ.*

ORDO CCXXXVII. *Staphyleaceæ*

Ordo ccxxxviii. *Celastrineæ.*

Celastrus emarginatus, Willd. *Katangi.*

Desiderata : Catha edulis, Forst.; Celastrus senegalensis, Linn.; Maytenus verticillatus, DC.; Senacia undulata, Lam.; Elæondendron orientale, Jacq.; E. Kubu, Eckl. et Zeyh.; Myginda Uragoga, Jacq.

—

Ordo ccxxxix. *Hippocrateaceæ.*

Desiderata : Hippocratea multiflora, Linn.; Anthodon Selloanum, Schultz.; Salacia senegalensis, DC.; S. Roxburghii, Wall.

—

Ordo ccxl. *Ilicineæ.*

Monetia barlerioïdes, Her. *Sanguine cheddi, Sangam-coupi.*

Desiderata : Ilex paragaiensis, St-Hil.; I. Gogonah, Mart.

—

Ordo ccxli. *Rhamnaceæ.*

Ventilago maderaspatana, Gært. *Cherougoudy, Sourala.*
Zizyphus Jujuba, Lam. *Ilenden-marom Caroukouva-marom.*
— œnopolia, Mill. *Sourè, Koottay marom.*
— horrida, Roth.
— rotundifolia, Lam.
— rugosa, Lam.
— xylopyrus, Willd. *Kattou-ilenden-marom.*
Scutia indica, Brongn.
Colubrina asiatica, Brongn.

Desiderata : Zizyphus orthacantha, DC.; Hovenia dulcis, Thunb.

—

Ordo ccxlii. *Chailletiaceæ*.

CLASSIS LXI. TRICOCCÆ.

Ordo ccxliii. *Empetreæ*.

Ordo ccxliv. *Stackhousiaceæ*.

Ordo ccxliv. *Euphorbiaceæ*.

Dalechampia indica, Wigth.
Euphorbia antiquorum Linn. *Chadré-kalli̇pálé*.

— — var. tortilis. *Adankalli, Tiroukalli*.

— hirta, Linn.

— hypericifolia, Linn. *Nelamana-patchéricy, Neleu-taly*.

— linearifolia, Willd.

— microphylla, Roth. *Sitamana-patchéricy, Sirrouamóme-patchéricy*.

— nivulia, Hamilt, *Ellé-Kalli*.

— parviflora Linn.

— Poinsettia, Bist. *Sewarassou*.

— pilulifera, Linn. *Perïamóme-patchéricy*.

— — var. albicaulis. *Vellé-periamóme-patchéricy*.

— splendens, Boj.

— thymifolia, Linn. *Tsinnamáme-patchéricy*.

— Tirucalli, Linn. *Kalli*.

Hura crepitans, Linn. *Sablier.*

Stillingia sebifera, Mich.

Cnemidostachys Chamælea, Spreng. *Elli-amanakou.*

Tragia cannabina, Linn. fils. *Sirrou-canchorie. Pouné-*
        kandjéry.

— involucrata Linn. *Canchorie, Kandjéry, Eroume-*
        kandjéry.

— mercurialis , Linn.

Acalypha betulina, Retz. *Sinny.*

—   ciliata, Forsk. *Couppameny-sakkalaty-pondou.*

—   indica, Linn. *Couppameny-pondou.*

Omphalea diandra, Linn.

Jatropha Curcas, Linn. *Kattou-amanakou.*

Adenoropium Forskalii, Pohl. *Eri-amanakou, Addalé.*

—   glaucum, Pohl. —

—   gossypifolium, Pohl. —

—   multifidum , Pohl. *Corail, Péroun-nerva-*
        lum.

Manihot Aipii, Pohl. *Manioc doux, Maletcha-karay-valli.*

Ricinus communis, Linn. var. minor, Mill. *Sita-amanakou.*

— inermis Jacq. *Per-amanakou.*

Gelonium bifarium, Roxb.

Codiæum chrysosticum, Spreng.

—   —   var. augustifolium, Hort.

Rottlera tinctoria, Roxb. *Temscheddi , Kapila podie.*

Baliospermum montanum, Mull.

Croton discolor, Rich.

— Tyglium, Linn. *Nervalany, Nervalum.*

Andrachne orbiculata, Heyn. *Oudouvin-marom.*

Sauropus ceralogynum?

Phyllanthus maderaspatensis, Linn. *Melanelly.*

—   multiflorus, Roxb. *Niruri? Poula-cheddy.*

—   polyphyllus, Willd.

—   reticulatus, Poir.

—   rotundifolius, Klein.

Phyllanthus tenellus, Mill. Roxb.
— Urinaria, Linn. *Sirroukijanelly*.
Breynia rhamnoïdes, Mill.
Emblica officinalis, Gœrt. *Nellymarom*.
Cicca disticha, Linn. *Arnelly-marom*.

DESIDERATA : Euphorbia edulis, Lour.; E. picta, Jacq.; E. punicea, Sw.; Excœcaria Agallocha, Linn.; E. Camettia, Willd.; Hippomane Mancenilla, Linn.; Pluckenetia volubilis, Linn.; Omphalea triandra, Linn.; Alchornia latifolia, Swartz.; Hevea guianensis, Aubl.; Aleurites Moluccana, Willd.; A. Ambinux, Pers.; A. laccifera, Willd.; Eleoccus Vernicia, Juss.; E. verrucosus, Juss.; Manihot utilissima, Pohl.; Croton balsamiferum, Linn.; C. humile, Linn.; C. lineare, Jacq.; C. micans, Sw.; C. Cascarilla, Linn.; C. Pseudo-China, Chmss.; C. Eluteria, Sw.; C. antisyphyliticum, Mart.; C. perdicipes, St-Hil.; C. campestre, St-Hil.; C. adipatum, H. B. K.; C. coriaccum, H. B. K.; C. thuriferum, H. B. K.; Amanoa guianensis, Aubl.

CLASSIS LVII. TEREBINTHINÆ.

ORDO CCXLVI. *Juglandeæ.*

ORDO CCXLVII. *Anacardiaceæ.*

Odina Wodier, Roxb. *Odien-marom*.
Mangifera indica, Linn. *Manga-marom*.
— — var. longa. —
— — var. rotunda. —
— — var..... —
Anacardium occidentale, Linn. *Mondiri-marom*.
Semecarpus Anacardium, Linn. *Sérancotté-marom*.
Buchaniana angustifolia, Roxb. *Kattou-manga*.
Spondias acuminata, Roxb. *Kattou-maré-manga-marom*.
— dulcis, Forst. *Maré-manga-marom*.
— mangifera, Pers. *Kattou-maré-manga-marom*.
— purpurea, Linn. *Ségapou-maré-manga-marom*.

Desiderata : Sorindeia madagascariensis, Pet. Th.; Comocladia integrifolia, Linn.; Schinus molle, Linn.; Rhus Atra, Forst.; Mangifera indica, L. var.; M. gabonensis, Aub. Lec.; Spondias dulcis, Wild. var. Evi de Tahiti, S. Birrea, A. Rich.

Ordo ccxlviii. *Burseraceæ*.

Boswellia thurifera, Roxb.
Protium caudatum, W. et Arn. *Cluvé-marom.*
—— gileadense, W. et Arn. *Mâlé-cluvé-marom.*
Balsamodendrom Agallocha, W. et Arn.
Canarium commune, Linn.
—— strictum, Roxb.
Garuga pinnata, Roxb. *Karri-vembou-marom.*

Desiderata : Bosvellia glabra, Roxb.; Balsamodendron, Kataf, Kunth.; B. Opobalsamum, Kunth.; B. Roxburghii, Arn.; B. africanum, Arn.; Elaphrium tomentosum, Jacq.; Icica guianensis, Aubl.; I. Icicariba, DC.; I. altissima, Aubl.; I. Carana, H. B.; I. cuspidata, H. B.; I. heterophyllia, DC.; I. heptaphylla, Aubl.; Bursera gummifera, Linn.; B. leptophleos, Mart.; Hedwigia balsamifera, Swartz.; Picramnia pentendra, Swartz.; Plosslea papyracca, Endl.?; Amyris balsamifera, Linn.; A. Plumieri, DC.

Ordo ccxlix. *Connaraceæ*.

Desideratum : Omphalobium Lambertii, DC.

Ordo ccl. *Ochnaceæ*.

Ordo ccli. *Simarubaceæ*.

Quassia amara, Linn.

Desiderata : Simaruba excelsa, DC.; S. officinalis, Aubl.; S. guianensis, Rich.; S. versicolor, St-Hil.; Simaba Cedron, Planch.; Zwingera amara, Wild.; Vittmannia elliptica, Vahl.

ORDO CCLII. *Zanthoxyleæ.*

Toddalia aculeata, Pers. *Mileucaraney-cheddy.*
Ailanthus excelsa, Roxb. *Perou-marom.*
— malabaricus, DC. *Fuchimarom, Mutty-pal.*

DESIDERATA : Brucea antidysenterica, Mill.; B. sumatrana, Roxb.; Zanthoxylen nitidum, DC.; Z. Clava-Herculis, Linn.; Z. Tragodes, DC.; Toddalia paniculata, Lam.

ORDO CCLIII. *Diosmeæ.*

DESIDERATA : Galipea Cusparia, St-Hil.; G. officinalis, Hanc.; Ticorea febrifuga, St-Hil.; Esenbeckia febrifuga, Mart.; Hartia brasiliana, St-Hil.

ORDO CCLV. *Rutaceæ.*

DESIDERATUM : Haplophyllum tuberculatum, Juss.

ORDO CCLV. *Zygophylleæ.*

Tribulus lanuginosus, Linn. *Néringie.*

DESIDERATA : Gayacum officinalis, Linn.; G. sanctum, Linn.; G. dubium, Forst.; G. arboreum, H. B.

—

CLASSIS LVIII. GRUINALES.

—

ORDO CCLVI. *Geraniaceæ.*

ORDO CCLVII. *Lineæ.*

Linum usitatissimum, Linn. *Ali-véré.*

ORDO CCLVIII. *Oxalideæ*.

Oxalis Barrelierii, Linn.
— corniculata, Linn. *Pouliaré*.
— . . . .
Biophytum sensitivum, DC.
Averhoa Bilimbi, Linn. *Poulitcha-marom*.
— Carambola, Linn. *Tamartanka-marom*.

DESIDERATA : Oxalis crenata, Jacq.; O. cr. var. rubra.; O. Deppei, Sw.; O. tetraphylla, Cav.

ORDO CCLIX. *Balsamineæ*.

Balsamina hortensis, DC.

ORDO CCLX. *Tropæoleæ*.

DESIDERATUM : Tropæolum tuberosum, Ruiz. et Pav.

ORDO CCLXI. *Limnantheæ*.

CLASSIS LIX. CALYCIFLOREÆ.

ORDO CCLXII. *Vochysiaceæ*.

ORDO CCLXIII. *Combretaceæ*.

Terminalia Bellerica, Roxb. *Táni-marom*.
— Catappa, Linn. *Pingam-marom*.
— Chebula, Roxb. *Kadou-marom*.

Pentaptera coriacea, Roxb. *Madéré-marom*.

Anogeissus acuminatus, Wall. *Poritchou-marom, Pour-
cha-marom*.

— latifolia, Wall. *Vellé-naga-marom*.

Poivrea coccinea, DC.

Combretum ovalifolium, Roxb.

Quisqualis indica, Linn.

Desiderata: Terminalia mauritiana, Lam.; Combretum butyraceum, Corr.

ORDO CCLXIV. *Alangieæ*.

Alangium decapetalum, Lam. *Alingy-marom, Caltajingy-
marom*.

— hexapetalum, Lam. *Erajingy-marom*.

ORDO CCLXV. *Rhizophoreæ*.

Rhizophora gymnorrhiza, Linn. *Pukandel*.

ORDO CCLXVI. *Philadelpheæ*.

ORDO CCLXVII. *OEnothereæ*.

Jussieua repens, Linn.

— villosa, Lam. *Carambou-pondou*.

Ludwigia jussæoides, Lam.

— parviflora, Roxb.

ORDO CCLVIII. *Halorageæ*.

Myriophyllum indicum, Willd.

— tetrandrum, Roxb.

Desiderata : Trapa natans, Linn.; T. bicornis, Linn. fils; T. cochin-chinensis, Lour.; T. bispinosa, Roxb.; T. quadrispinosa, Roxb.

Ordo cclxix. *Lythrariœ*

Ameletia indica, DC.

Ammania baccifera, Linn. *Kalourouvy, Ama-pondou.*

— densiflora, Roth. — —

Lawsonia alba, Linn. *Aïyevenné marom, Ayana-marom.*

Lagerstrœmia indica, Linn. *Goyavier de Chine.*

— var. albiflora, Hort. *Goyavier de Chine à fleur blanche.*

— reginæ, Roxb. *Kadali-marom.*

CLASSIS LX. MYRTIFLOROE.

—

Ordo. cclxx. *Melastomaceœ.*

Memecylon ramiflorum, Lam. *Kassa-cheddi.*

Desideratum : Melastoma Malabathrica, Linn.

Ordo cclxxi. *Myrtaceœ .*

Psidium Catleyanum, Sab.

— chinense, Lodd.

— pomiferum, Linn. *Coya-marom.*

— pumilum, Vahl. *Sirrou-coya-marom.*

— pyriferum, Linn. *Simé-coya-marom.*

Myrtus communis, Linn.

Syzygium calophyllifolium, R. W. *Málé-navé-maro m, Málé-nagué-marom.*

— balsameum, Wall.

— Jambolanum, DC. *Navé-marom. Nagué marom-*

— Caryophyllæum, Gœrt.

Eugenia Michelii. Lam *Roussailler*.

— Roxburghii, DC. *Pi-Konji*.

Jambosa vulgaris , DC. *Jamba-navè-marom* , *Jamba-nagué-marom*.

Baringtonia acutangula, Gært.

— racemosa Blum. *Cadypum-marom* , *Nir-Cadapei-marom*.

— speciosa, Linn. *Ondalon-marom*.

Couroupita guianensis, Aubl. *Avadear-marom*.

Punica Granatum, Linn. *Magilam*.

— var. flore plena *Retté-magilam*.

DESIDERATA : Melaleuca viridiflora, Smith.; M. Cajuputi, Roxb.; Eucalyptus marginata, Smith.; E. gomphocephala, DC.; E. colossea, F. Muell.; E. megacarpa, F. Muell.; E. amygdalina, Lab.; E. obliqua, Her.; Soneratia acida, Linn. fils.; Campomanesia linearifolia, Ruiz, et Pav.; Psidium amplexicaule, Pers.; P. guineense, Swartz.; P. montanum, Swartz.; P. polycarpon, Lam.; Myrtus Tabasco, Willd.; M. Ungui, Mol.; Calyptranthes aromatica, St-Hil.; Syzygium guineense, DC.; Caryophyllus aromaticus, Linn.; Eugenia Pimenta, DC.; E. pseudo-caryaphyllata, DC.; E. acris, W. et Arn.; E. dysenterica, DC.; Careya arborea, Roxb.; Lecythis grandiflora, Aubl.; L. Zabucayo, Aubl.; Bertholetia excelsa, H.B.; Grias cauliflora, Linn.

CLASSIS LXI. ROSIFLORÆ.

ORDO CCLXXII. *Pomaceœ*.

Eriobotrya japonica, Linn.

ORDO CCLXXIII. *Calycantheœ*.

ORDO CCLXXIV. *Rosaceœ*.

Rosa indica Linn. var. *Rosa-cheddi*.

— — var. Lawrenciana, Red et Thor.

— — ....

— — ....

DESIDERATUM: Brayera anthelmintica, Kunth.

ORDO CCLXXV. XIX. *Amygdaleæ.*

ORDO CCLXXVI. *Chrysobolaneæ.*

DESIDERATA: Chrysobolanus Icaco, Linn.; C. elliptica, Smeathm.; C. lutea, Sab.; Acioa dulcis, Willd.; Petrocarya senegalensis, Steud.; P. excelsa, Steud.; P. campestris, Willd.; Ferolia guianensis, Aubl.

———

CLASSIS LXVII. LEGUMINOSÆ.

———

ORDO CCLXXVII. *Papilionaceæ.*

———

TRIBUS I. PODALYRIEÆ.

———

TRIBUS II. LOTEÆ

———

Heylandia species.
Crotalaria anthylloïdes, Lam.
— juncea, Linn. *Sanope.*
— laburnifolia, Linn. *Kilikilipou-cheddi.*
— longipes, W. et Arn.
— obtecta, Grah,
— paniculata, Willd. *Caliti-pondou.*
— ramosissima, Roxb.
— retusa, Linn.
— rigida, Heyn.
— tenuifolia? Roxb.
— uncinella, Linn.
— verrucosa, Linn. *Vatté-kilikilipou.*
— — var. albiflora. *Vellé-vatté-kilikilipou.*

Westonia humifusa, Spreng.

Aspalathus indicus, Linn. *Sivanar-vimbou.*

Medicago species.

Trigonella Fœnum-græcum, Linn. *Vindiam.*

Indigofera astragalina, DC. *Pouna-mouringué, Katty-ellou.*

— Anil? Linn. *Avary, Avry.*

— cassioïdes, Rottl.|

— enneaphylla, Linn. *Inatche-pilou, Segapou-néringie, Cheppou-néringie.*

— hirsuta, Linn. *Tatté-karoun-collou-cheddi.*

— linifolia, Retz.

— paucifolia, Del. *Kattou-kassar-moutty.*

— tinctoria, Linn. *Avari, Avry.*

— trita, Linn. *Kattou-avry.*

— viscosa, Lam. *Kavallé.*

Tephrosia argenta, Pers.

— diffusa, W. et Arn.

— purpurea, Pers. *Kattou-kolingy, Collou-kavallé.*

— — var. albiflora. *Vellé-collou-kavallé.*

— spinosa, Pers. *Moukavallé.*

Sesbania aculeata, Pers. *Nir-tsembé.*

— ægyptiaca, Pers. *Manja-tsembé.*

— — var. atropurpurea. *Caroun-tsembé.*

— procumbeus, W. et Arn.

Agati grandiflora, Desv. *Avèti, Ouda-avéti.*

— — var. alba. *Vellé-avéti.*

— — var. coccinea, *Segapou-avéti.*

TRIBUS III. VICIEÆ.

Cicer Arietinum, Linn. *Kadalé.*

Pisum sativum, Linn. *Patáni.*

TRIBUS IV. HEDISAREÆ.

—

Zornia angustifolia, Linn.
Arachis hypogæa, Linn. *Manilacotté, Nelé-kadulé.*
Aeschynomene aspera, Linn. *Taquet-cheddi.*
     indica, Linn. *Taquet-pondou.*
Smithia sensitiva, Ait. *Total-vadié.*
Desmodium latifolium, DC.
  — gangeticum, DC.
  — polycarpon, DC.
  — reniforme, DC.
  — triflorum, DC.
Eleiotis Soraria, DC.
Alysicarpus buplevrifolius, DC.
  — monilifer, DC.
  — nummularifolius, DC.
  — styracifolius, DC.
  — vaginalis, DC.

—

TRIBUS V. PHASEOLEÆ.

—

Clitoria ternatea, Linn. *Kaquetan.*
  —   — var. albiflora, Hort. *Vellé-kaquetan.*
  —   — var. violacea Hort. *Karpou-kaquetan.*
Cyamopsis psoraloïdes, DC. *Cottavéré.*
  —   — var. *Mojouquin-cottaveré.*
Glycine labialis, Linn. *Monnélé-pondou, codi-pondou.*
Canavalia cathartica, Pet. Th.
  — eusiformis, DC. *Pois sabre nain.*
  — gladiata, DC. *Pois sabre, Thumbatum-codi.*
  — obtusifolia, *Koji-avaré.*

Mucuna pruriens, DC. *Pounen-avaré.*

Erythrina suberosa, Roxb. *Canalé-mourougué-marom.*

Butea frondosa, Roxb. *Mouroukou-marom, Pourasou-marom.*

Phaseolus aconitifolius, Linn. fils. *Tulka-payarou.*

— calcaratus, Roxb. *Karamany.*

— farinosus, Linn. *Sadé-payourou.*

· — lunatus, Linn. *Pois du Cap, Pinoussou-avaré.*

— Mungo, Linn. *Patché-payourou.*

— — var. *Paquiri-payarou.*

— psoraloïdes, W. et Arn. *Oussi-tagaré, oussi-païtinkay.*

— radiatus, Linn. *Ouloundou.*

— — var. *Karpou-ouloundou, Pani-payarou.*

— Roxburghii, W. et Arn.

— trilobus, Ait. *Nari-païtin.*

— vulgaris, Linn. *Simé-avaré.*

Vigna Catjang, Wlprs. *Boëme, Païtin.*

Dolichos falcatus Klein.

— pilosus, Klein.

— tranquebaricus, Jacq. *Païtin, Peroun-payarou*

— uniflorus, Lam. *Collou, Voulavalou.*

Lablab cultratus, DC. *Kattou-avaré, Avaré-codi.*

— vulgaris Saw. *Mottchécotté.*

— — var. niger, DC. *Karpou-Mottchécotté.*

— — albiflorus, DC. *Vellé-Mottchécotté.*

Psophocarpus tetragonolobus, DC. *Mouroukou-avaré.*

Cajanus bicolor, DC. *Mâlé-tovaré.*

— flavus DC. *Tovaré*

Cantharospermum albicans, W. et Arn. *Serrou-kalianto-varé.*

Pseudarthria viscida, W. et Arn.

Rhynchosia rufescens, DC. *Pouinnou-avaré.*

Nomismia aurea, W. et Arn.

— nummularia, W. et Arn. *Kaliantovaré.*

Cyanospermum tomentosum, W. et Arn.

Abrus precatorius, Linn. *Coundoumany.*

— — var. melanospermus, *Karpoü-coun-doumany.*

— — var. leucospermus. *Vellé-Coundoumany.*

TRIBUS VI. DALBERGIEÆ.

Pterocarpus Marsupium, Roxb. *Ioudirévengué-marom, Retté-vengué.*

— Santalinum, Linn. *Ségapou - chandanum-marom.*

Pongamia glabra, Vent. *Pounga marom.*

Dalbergia lanceolaria, Linn. fils. *Pouneli-tandou, Ponélé-tandou, Ponnel-tandou.*

— latifolia, Roxb. *Nougue-marom, Eroupoutou-marom.*

— rubiginosa, Roxb.

— Sissoo, Roxb. *Roukan-marom, Sirrou-marom.*

TRIBUS VII. SOPHOREÆ.

Myrospermum perniferum, DC.

Sophora violacea.

TRBUS VIII. CÆSALPINIEÆ.

Guilandina Bonduc, Linn. *Kayarti-marom, Kalatchi, Ketsa-marom.*

Cæsalpinia Coriaria, Willd. *Libidibi, Divi-divi*.
— insignis, Steud. *Manja-maïl-konné-cheddi*.
— mimosoïdes, Lam.
— paniculata, Desf.
—. pulcherrima, Sw. *Segapou-maïl-konné-cheddi,*
Konné-cheddi.
— Sappan, Linn. *Varétingue-marom, Vatungue-*
marom.
Poinciana Gilliesii, Hook.. *Vada-narayana marom*.
— regia, Boj. *Flamboyant*.
Parkinsonia aculeata, Linn. *Patché-vélin, Simè-vélin, Pi-*
vélin.
Tamarindus indica, Linn. *Poulian-marom*.
Cassia fistula, DC. *Sara konné-marom*.
— Roxburghii, DC. *Vari-konné-marom*.
—. absus, Linn. *Caroun-collou*.
— alata, Linn. *Simè-agati*.
— auriculata, Linn. *Avarré*.
— bicapsularis, Linn. *Pajeu-konné*.
— florida, Vahl. *Caroun-konné*.
— glauca, Lam. *Ovellay*.
— — var. pallida, *Ovellay*.
— obtusa, Roxb. *Nilavéré*.
— occidentalis, Linn. *Payavéré, Pouinnavéré*.
— Sophora, Linn. *Ponnaveré*.
— tomentosa, Linn. *Mâlé-poinnavéré, Tangavéré*.
— Tora, Linn. *Tagéré, Taguéré*.
Hymenæa Courbaril, Linn. *Courbaril*.
Bauhinia acuminata, Linn.
— candida, Ait. *Cocou-mandaré*.
— parviflora, Vahl. *Aty-marom*.
— purpurea, Linn. *Ségapou-mandaré-marom*.
— tomentosa, Linn. *Irouvatchy-marom, Kattou-*
ally.

— variegata, Lin.

MORINGEÆ.

Moringa pterigosperma, Gært. *Mourouga-marom*.

DESIDERATA : Alhagi mannifera, Desv.; Nissolia ferruginea, Willd.; Soja hispida, Mœnch.; Phaseolus coccineus, Lam.; P. tunkinensis, Lour.; Pachyrrhizos angulatus, Rich.; Voandjeia subterranea, Pet, Th.; Macranthus. cochinchinensis, Lour.; Pterocarpus Adansonii, DC.; P. pallidus.... P. angolensis, DC.; P. Draco, Linn.; P. esculentus, Lehm.; Centrolobium robustum, Mart.; Drepanocarpus senegalensis, Nees.; Machærium firmum, Benth.; Geoffræa vermifuga, Mart.; G. spinulosa, Mart.; Andira inermis, H. B. K.; A. retusa, H. B. K.; A. Aubletii, Benth.; A. Horsfieldii, Lesch ; Dipterix odorata, Willd.; Vatairea guianensis, Aubl.; Myrospermum peruiferum, DC.; M. pubescens, DC.; M. toluiferum, A. Rich,; Castanopermum australe, All. Cunn.; Bowdichia sebipira, Vaq.; B. virgilioïdes, H. B. K.; Coulteria, H. B. K.; Cæsalpinia echinata Lam.; C. brasiliensis, Linn.; C. crista, Linn. Hæmatoxylon Campechianum, Linn.; Cynometra cauliflora, Linn.; Schotia Afra, Thunb.; Aloexylon Agallochum, Lour.; Hymenæa verrucosa, Gært.; H. Martiana, Hayn.; Afzelia africana, Smith ; Codarium acutifolium, DC.; Copaïfera Jacquinii, Desf.; C. bracteata, Benth.; C. guianensis Desf.; C. Langsdorfii, Desf.; C. Sellowii, Hayn.; C. Martii, Hayn.; C. coriacea, Mart.; C. oblongifolia, Mart., C. cordifolia, Hayn.; Dicorenia paraensis, Benth.

ORDO CCLXVIII. *Swartzieæ*.

Detarium senegalense, Gmel.

DESIDERATA : Baphia nitida, DC.; B. laurifolia ; H. Baill.; Swartzia tomentosa, DC.; Detarium microcarpum, A. Rich.

ORDO CCLXIX. *Mimoseæ*.

Parkia biglandulosa, W. et Arn. *Kaliki-marom , Mavou-marom.*

Adenanthera Pavonina, Linn. *Pavajé-konné-marom, Aunai-coundoumany*.

Dichrostachys cinerea, W. et Arn. *Vellatarevijandou, Vedittalung.*

Desmanthus natans, Willd. *Nir-tchundy, Sounday-kiraï.*
— triquetrus, Willd.
— virgatus, Willd. *Tchunda-tchundy, Varé-tchundy, Katkia-cheddi.*
Mimosa hamata, Willd.
— pudica, Linn.
— rubicaulis, Lam. *Caroupou-indiri.*
Acacia amara, Willd. *Aroupou-marom, Oucellé-marom, Ounja-marom.*
— arabica, Willd. *Karrou-vélin-marom.*
— concinna, DC. *Siya-marom, Sika-marom.*
— dumosa, W. et Arn.
— ferruginea, DC. *Peroun-moullou-velvélin-marom.*
— Lebbeck, Willd. *Kattou-vagé-marom.*
— leucocephala, Bert. *Velvélin, chavoundel.*
— leucophloea, Willd. *Velvélin-marom.*
— odoratissima. . . . *Karrou-vengay-marom.*
— polyacantha, Willd.
— procera, Willd. *Veloungue-marom.*
— speciosa, Willd. *Kattou-vagé-marom.*
— suma, Roxb. *Covellay.*
— sundra, DC. *Carrougally.*
— xylocarpus, Willd. *Érouvalou-marom.*
Vachelia Farnesiana, W. et Arn. *Vaday-vulli-marom, veda-vally-marom.*
Inga dulcis, Willd. *Korkapoulian-marom, Konavel.*
Pithecolobiun species.

DESIDERATA : Eutenda Pursætha, DC.; Acacia Cathecu, Willd.; A. senegalensis, Willd.; A. nilotica, DC.; Albizzia anthelmintica, A. Br.; Pentaclethra macrophylla, Benth.

De Botaniste agriculteur,
CONTEST - LACOUR.

www.ingramcontent.com/pod-product-compliance
Lightning Source LLC
Chambersburg PA
CBHW030927220326
41521CB00039B/1169